Robert I. Sutton

Überleben unter Arschlöchern

PIPER

Zu diesem Buch

»Ich habe dieses Buch geschrieben, um eine Frage zu beantworten, die mir schon viele tausend Mal gestellt worden ist. Der Wortlaut variiert zwar, die Frage ist jedoch meist dieselbe: ›Ich muss mich mit einem Arschloch (oder einem ganzen Haufen davon) herumschlagen. Helfen Sie mir! Was kann ich tun?‹ Egal, woran ich in den letzten zehn Jahren eigentlich gearbeitet habe, ich verbrachte ein oder zwei Stunden am Tag damit, über Arschlöcher nachzudenken, zu lesen, zu reden oder zu schreiben und Wege zu ersinnen, was gegen sie unternommen werden kann. Das Resultat halten Sie in Händen.«

Passend zum jeweiligen Arschloch-Typus gibt Robert Sutton zahlreiche praktische Tipps und Strategien zum Umgang mit diesen: Wir erfahren, wie wir uns emotional von schwierigen Zeitgenossen distanzieren oder wie wir sie mit gezielt eingesetzten Liebesbekundungen entwaffnen können. Zugleich warnt Sutton vor vorschnellen Rachefeldzügen, mit denen wir am Ende nur uns selbst schaden.

Robert I. Sutton, geboren 1954 in Chicago, ist Professor für Management Science, Engineering und Organizational Behaviour an der Stanford Business School. Er ist Berater für viele weltweit tätige Unternehmen und lebt in Menlo Park, Kalifornien. Sein Buch »Der Arschloch-Faktor« wurde weltweit zu einem Bestseller.

Robert I. Sutton

Überleben unter Arschlöchern

Wie Sie mit Leuten klarkommen, die andere wie Dreck behandeln

Übersetzt aus dem amerikanischen Englisch
von Thomas Pfeiffer, Antoinette Gittinger
und Hans-Peter Remmler

PIPER

Mehr über unsere Autorinnen, Autoren und Bücher:
www.piper.de

Von Robert I. Sutton liegen im Piper Verlag vor:
Überleben unter Arschlöchern
Der Querdenker-Faktor

Ungekürzte Taschenbuchausgabe
ISBN 978-3-492-31719-1
1. Auflage Januar 2024
2. Auflage Juli 2026

Die Originalausgabe erschien 2017 in den USA unter dem Titel »The Asshole Survival Guide: How to Deal with People Who Treat You Like Dirt« bei Houghton Mifflin Harcourt

Für direkten Kontakt und Fragen zum Produkt
wenden Sie sich an: *info@piper.de*
Umschlaggestaltung: Büro Jorge Schmidt, München
Umschlagmotiv: Beboy/Fotolia
Satz: Eberl & Koesel Studio, Kempten
Gesetzt aus der Minion Pro
Litho: Lorenz & Zeller, Inning am Ammersee
Druck und Bindung: CPI books GmbH, Leck
Printed in the EU

Für Eve, Claire und Tyler
Danke für euer Lachen und eure Liebe

Inhalt

1 8000 E-Mails

Ich habe dieses Buch geschrieben, um eine Frage zu beantworten, die mir schon viele Tausend Mal gestellt worden ist. Der Wortlaut variiert zwar, aber im Prinzip läuft es immer hinaus auf: »Ich muss mich mit einem Arschloch (oder einem ganzen Haufen davon) herumschlagen. Helfen Sie mir! Was kann ich tun?« Im Folgenden ein paar Beispiele aus meiner täglichen Dosis an Arschloch-E-Mails.

Von einem Arzt an einem »durch und durch dysfunktionalen« Krankenhaus und mit einem »Teamleiter, der so unsensibel ist, wie man es sich nur vorstellen kann«:

> *Was soll ein Untergebener tun? Ich kann den Kopf gesenkt halten, mich so gut es eben geht um meine Patienten kümmern und versuchen, die Gemeinheiten zu ignorieren. Aber in so einer Umgebung zu arbeiten ist unglaublich demoralisierend.*

Ein lutherischer Priester aus Illinois schreibt:

> *Ein Großteil der Arbeit in unserer Kirche wird von unbezahlten Helfern erledigt, die hin und wieder die Gefühle anderer Freiwilliger verletzen. Haben Sie irgendeine Idee, wie man mit fiesen Leuten umgeht, die sich freiwillig engagieren?*

Ein pensionierter deutscher Fabrikmanager fragt:

In meinem Berufsleben bin ich mindestens drei Mal durch das Betreiben von Arschlöchern, Arseholes, Connards de vente, Stronzi und dergleichen gefeuert worden. Welchen Rat kann ich meinem Sohn geben, damit er nicht dasselbe Schicksal erleidet?

Ein CEO aus dem Silicion Valley schreibt:

Angesichts der Vielzahl von Start-ups und so vielen Risikokapitalgebern ohne einen Funken operativer Erfahrung in den Aufsichtsräten frage ich mich, ob Sie sich jemals mit »Boardholes« (Aufsichtsratslöchern) oder ganz und gar dysfunktionalen Aufsichtsräten (vulgo »Aufsichtsidioten«) beschäftigt oder darüber geschrieben haben?

Und schließlich von einer Bibliothekarin aus Washington D.C.:

Ich bin umzingelt von russischen Arschlöchern. Hilfe!

In der einen oder anderen Form wird mir diese Frage praktisch jeden Tag gestellt. Sie erreicht mich in E-Mails und via Twitter, über LinkedIn und Facebook. Studenten, Kollegen, Kunden, Freunde, Feinde und Verwandte stellen sie bei allen möglichen Veranstaltungen, in Seminaren und bei Fakultätssitzungen, auf Hochzeiten und bei Beerdigungen. Etwa einmal pro Woche ruft jemand, den ich nicht kenne, in meinem Büro in Stanford an und stellt mir ebendiese Frage. Mich haben schon Kassierer bei Costco und Walgreens um Überlebenstipps im Umgang mit Arschlöchern gebeten, Krankenschwestern und Ärzte von der Cleveland Clinic und am Stanford Hospital, Flugbegleiter von Fluggesellschaften wie Air France und United Airlines, Bauarbeiter in San Francisco und Idaho, Uber-Fahrer in Dubai und San Francisco, Subway-Passagiere in New York City und BART-Reisende in San Francisco, U. S.-Marines in Afghanistan, ein Gefängniswärter in Texas, mehrere katholische Priester, ein jüdischer Kantor (und die Frau eines jüdischen Kantors), um die 50 Anwälte und mindestens ein Dutzend CEOs. Allein in den letzten Monaten habe ich die Frage von einem Chirurgen in New York gehört, vom Studiendekan einer kleinen geisteswissenschaftlichen Universität, einem Psychologen der US-Army, einer Gruppe von Bachelorstudenten an einer französischen Universität (via Skype), einem Polizeibeamten in Stanford, von meinem Friseur Woody und sogar von meiner Mutter.

Dass mich so viele Leute danach fragen, ist kein Wunder. Seinen Anfang nahm alles, als ich mein 2007 erschienenes Buch *Der Arschloch-Faktor* schrieb (und, ein paar Jahre zuvor, einen in dieselbe Richtung zielenden Essay für die *Harvard Business Review*).[1] Damals ging ich davon aus, dass diese Arschloch-Sache ein kurzes Intermezzo bleiben und ich nach Ablauf etwa eines Jahres zu meiner eigentlichen Arbeit über Leadership, Innovation und organisatorischen Wandel zurückkehren würde. Was sich als falsch erwies. Mein kleines Buch traf offenkundig einen Nerv. Es dauerte ein paar Jahre, bis ich mich damit abfand, dass ich – egal, was ich sonst noch in meinem Leben schreibe oder welche Wirkung meine andere Arbeit auch entfalten mag – immer zuerst und vor allem als der »Arschloch-Kerl« gesehen werde. An die 800 000 Menschen in den Vereinigten Staaten und in Dutzenden anderen Ländern haben bis heute *Der Arschloch-Faktor* gekauft – weitaus mehr Exemplare als von meinen anderen Büchern. Der beständige Strom an E-Mails, Kommentaren in den sozialen Medien, Anfragen von Journalisten und verstörenden, abgefahrenen oder einfach lustigen Gesprächen über alles, was mit Arschlöchern im Beruf und Privatleben zu tun hat, ist zu einem Teil meines Lebens geworden, den ich voraussetze, den ich (zumeist) genieße und dem ich mit Mitgefühl und frohen Mutes zu begegnen versuche.

Viele Leser fühlten sich von *Der Arschloch-Faktor* angesprochen, weil sie von Widerlingen belagert wurden, die sie wie Dreck behandelten – und weil sie nach einem Ausweg aus ihrer Situation suchten. Das Buch enthält auch ein Kapitel zu »Wo Arschlöcher herrschen: Tipps, wie man gemeine Leute und Arbeitsplätze überlebt«. Mein eigentliches Anliegen mit dem Buch aber war, zur *Schaffung zivilisierter Arbeitsplätze* beizutragen – nicht, wie man mit Arschlöchern umgeht. *Überleben unter Arschlöchern* dagegen ist Strategien und Tipps gewidmet, wie man Tyrannen, Intriganten und Drecksäcken entkommt, wie man sie erträgt, sie bekämpft und vor allem, wie man sie loswird.

Ich habe diese Strategien und Tipps über die Jahre hinweg entwickelt. Egal, woran ich in den letzten zehn Jahren eigentlich gearbeitet habe, ich verbrachte die meiste Zeit ein oder zwei Stunden pro Tag damit, über Arschlöcher und Mittel gegen sie nachzudenken, zu lesen, zu reden oder zu schreiben – und hin und wieder auch damit, unverschämte oder beleidigende Menschen in ihren natürlichen Lebensräumen zu beobachten. Das Resultat halten Sie in Händen – *Überleben unter Arschlöchern,* ein Kompendium meiner besten Ratschläge zum Umgang mit Leuten, die es darauf anlegen, dass ihre Mitmenschen sich unterdrückt, erniedrigt, verachtet oder geschwächt fühlen. Ich richte den Fokus auf das Arbeitsleben. Aber die Lektionen, die dieses Buch enthält, lassen sich auch auf Arschloch-Probleme anwenden, mit denen sich Freiwillige in gemeinnützigen Organisationen und in Schulen herumschlagen müssen, auf Drecksäcke in Kirchen, Tempeln und Moscheen und auf unverschämtes Verhalten an öffentlichen Orten wie Bahnhöfen, Flughäfen, Einkaufszentren und Sportstadien.

Die hier vorgestellten Strategien und Tipps basieren auch auf wissenschaftlichen Forschungen zu herabwürdigenden und respektlosen Menschen – ein Forschungsgebiet, das in den letzten Jahren rasant gewachsen ist. Google Scholar, eine spezialisierte Suchmaschine für wissenschaftliche Bücher und Zeitschriftenartikel, hat sich zum Goldstandard für die akademische Recherche zu neuen Theorien und Forschungen entwickelt. Eine Google-Scholar-Suche zu »abusive supervision« (feindseliges/prekäres Führungsverhalten) zwischen 2008 und 2016 liefert 4910 wissenschaftliche Aufsätze und Bücher. Der Suchbegriff »abusive customers« (aggressive Kunden) ergibt 282 Treffer, »rudeness« (Unverschämtheit) 16 000, »incivility« (Unhöflichkeit/Grobheit) 15 500, »bullying« (Schikanierung) 140 000, »workplace bullying« (Schikanierung am Arbeitsplatz)* 11 800, »mobbing at work« (Mobbing bei der Arbeit) 2900, »road rage« (Aggression im Straßenverkehr) 6680, »air rage« (aggressive Fluggäste) 369, »phone rage« (Aggression am Telefon/aggressive Anrufer) 92, »verbal aggression« (verbale Aggression) 16 500 und »microaggression« (Mikroaggression) 2190 Treffer. Was ich in diesem Buch an Strategien und Empfehlungen vorstelle, ist nicht als erschöpfende und unvoreingenommene Zusammenfassung der wissenschaftlichen Erkenntnisse zum Umgang mit Idioten gedacht. Diese Studien sind lehrreich, aber alles andere als eindeutig oder vollstän-

* Anmerkung des Übersetzers: Im Englischen wird unterschieden zwischen »bullying«, der willkürlichen Schikanierung/dem willkürlichen Tyrannisieren durch eine Person, und dem systematischeren, gezielten »mobbing« durch eine größere Gruppe. Im Deutschen wird beides zumeist unter dem Begriff »Mobbing« gefasst.

dig. Das Überleben unter Arschlöchern ist und bleibt mehr eine Kunst oder Fertigkeit als eine Wissenschaft.

Stattdessen mische ich die Lektionen aus diesen Studien mit Geschichten und Lösungsansätzen aus weniger gelehrten Quellen. *Überleben unter Arschlöchern* schöpft aus allen möglichen Ecken und Enden der Welt und des World Wide Web – von der *New York Times* bis hin zu David Kendricks herrlichem Post zu Online-Wichsern »What Makes a Fuckhead«. Ergänzt wird das Ganze durch Erkenntnisse, die ich aus meinen eigenen Beobachtungen und Interviews gewonnen habe – aus meiner Arbeit als Berater und Redner bei den unterschiedlichsten Organisationen (darunter Amazon, die Supermarktkette WalMart, das Umfrageinstitut Gallup, Google, der Luxus-Artikelanbieter LVMH, der Privatschulbetreiber KIPP, McKinsey, Microsoft, die Cleveland Clinic, die Trickfilmschmiede Pixar, die deutsche Softwarefirma SAP, Twitter und ein Stanford-Programm für Manager der National Football League) und aus rund 50 Interviews (und informelleren Gesprächen) unter anderem mit Sozialarbeitern, Baristas bei der Kaffeehauskette Philz Coffee, Krankenpflegern am Stanford Hospital, Managern bei Disney, Personalmanagern (insbesondere Patty McCord, die 14 Jahre für Netflix gearbeitet hat) und Wissenschaftlern wie Professorin Katy DeCelles von der University of Toronto, die sich damit beschäftigt, was Fluggäste aggressiv macht, wie Gefängniswärter mit Insassen umgehen und wie sich Wutausbrüche von Basketballtrainern auf die Spieler auswirken.

Geprägt wird dieses Buch auch durch die zahllosen E-Mails über Arschlöcher, die mir über die Jahre hinweg alle möglichen Leute geschickt haben. Ich führe ein eher desorganisiertes Ablagesystem mit drei Ordnern (»Sonstige Geschichten«, »Chefs«, »Überleben unter Arschlöchern«) und an die 60 Unterordnern (zum Beispiel »Arschloch-Chefs«, »Arschloch-Untergebene«, »Briten«, »Kunden«, »Arschloch-Unternehmen«, »Stille Beobachter«, »Öffentliches Leben«, »Klingt verrückt«, »Italienisch«, »Online-Arschlöcher«, »Zurückschlagen«, »Davongekommen«, »Falsche Art zu kämpfen«, »Erfolgsgeschichten«), in dem ich meine gesamte E-Mail-Korrespondenz speichere (beziehungsweise zu speichern versuche). Insgesamt habe ich rund 8000 E-Mails zum Themenkomplex »Arschlöcher« abgespeichert, von denen die meisten auf die eine oder andere Weise die Frage stellen, die ich mit diesem Buch beantworten will. Viele, die mir schreiben, berichten auch von den (erfolgreichen und gescheiterten) Überlebensstrategien, die sie ausprobiert haben. Und schließlich sind auch die rund 1500 Antworten mit in das Buch eingeflossen, die ich auf diese Mails geschrieben habe und in denen ich den Absendern Mut zugesprochen, Ratschläge gegeben und weitere Fragen gestellt habe.[2]

Der angerichtete Schaden

Vor sieben Jahren sprach ich mit einem jungen CEO, der fürchtete, er wäre »zu wenig wie Steve Jobs« – dass seine Karriere und sein kleines Start-up leiden würden, weil er ruhig und zurückhaltend war und die Leute mit Respekt behandelte. Im Lauf der Jahre habe ich mit vielen Leuten derartige Gespräche geführt. Wie im Fall dieses CEO verweise ich stets auf die Experten und Wissenschaftler, die die Ansicht *Arschlöcher kommen immer zuerst* vertreten – wie auch das (inzwischen im Ruhestand befindliche) »hauptberufliche Arschloch« Tucker Max sein Buch für »Dudes and Bros« betitelte.[3] Oder, seit einiger Zeit, auch auf Zeitschriftenartikel wie Jerry Useems 2015 im *The Atlantic* abgedruckten Aufsatz »Why It Pays to Be a Jerk«.

Auch mein Stanford-Kollege Jeff Pfeffer glaubt, andere

Leute wie Dreck zu behandeln kann ein Weg zu persönlichem Erfolg sein. Denn wenn man – wie er Jerry Useem erklärte – eine Python und ein Huhn in einen Käfig sperrt, dann »frisst die Python das Huhn«. Ich gebe zu, dass es Situationen gibt, in denen Sie Konkurrenten ausstechen und Verbündete gewinnen können (die Ihnen zum Teil deswegen in den Hintern kriechen, weil sie hoffen, auf diese Weise dem Zorn, den Intrigen oder den anzüglichen Blicken des Arschlochs zu entgehen), wenn Sie andere unterdrücken, herabsetzen, respektlos behandeln oder ihnen alle Kraft rauben. Auch in reinen »Ich gewinne, du verlierst«-Situationen – wenn es keinen Anreiz gibt, mit anderen jetzt oder irgendwann später einmal zu kooperieren – kann es von Vorteil sein, wenn man selbstsüchtig agiert und andere wie Dreck behandelt. Und Kapitel 6 dieses Buchs befasst sich damit, wann und warum es ein wirksames Mittel des Widerstands sein kann, Arschlöchern ihre eigene Medizin schmecken zu lassen. (Allerdings warne ich Sie: »Wer«, wie meine Frau Marina gerne sagt, »andere mit Scheiße bewirft, steht am Ende oft selbst beschissen da.«)

Nachdem ich mich durch jede Menge Studien und Untersuchungen gearbeitet habe, lautet mein Fazit, dass die Experten und Professoren, die Tyrannen, Egoisten und Narzissten beklatschen, den Gewinn über- und den Schaden untertreiben, den Arschlöcher – insbesondere auf lange Sicht – sich selbst zufügen. In diesem Urteil stimme ich mit zahlreichen anderen Akademikern überein, darunter Adam Grant von der Wharton School (der sich mit der Performance von »Gebern« im Vergleich zu »Nehmern« befasst), Christine Porath von der University of Southern California (die zum Thema Unhöflichkeit forscht) und Dacher Keltner von der University of California (Spezialgebiet Emotionen und Machtdynamik). Wie das Werk dieser Wissenschaftler und vieler anderer Forscher nahelegt, ist die Liste der Gewinner, die sich durchgesetzt haben, *ohne* andere Leute wie Dreck zu behandeln, sehr lang: Apple-CEO Tim Cook, Netflix-CEO Reed Hastings, Berkshire Hathaway-CEO und Investmentlegende Warren Buffett, der 2014 verstorbene Comedian und Schauspieler Robin Williams, der Starkoch Anthony Bourdain, die TV-Produzentin Jenji Kohan (Schöpferin von *Orange Is the New Black*), die Chefproduzentin und Autorin Shonda Rhimes (die mit *Grey's Anatomy* und *Scandal* zu Ruhm und Ehre gelangte) und viele andere mehr. Ach ja, und der junge CEO, der Angst hatte, er sei nicht wie Steve Jobs, nicht laut, herrisch und selbstsüchtig genug? Ich darf seinen Namen nicht nennen, aber er ist immer noch kein Arschloch, sein Unternehmen hat inzwischen über tausend Mitarbeiter, und er selbst ist heute Milliardär.

Ich hatte auch ein erhellendes Gespräch mit Pixar-Gründer und -Präsident Ed Catmull (der ein Vierteljahrhundert eng mit Steve Jobs zusammengearbeitet hat) über den weitverbreiteten Glauben, dass Jobs unter anderem deswegen so großen Erfolg hatte, weil er herrschsüchtig, leicht erregbar und ohne jedes Einfühlungsvermögen war – ebender Mythos, der den oben erwähnten jungen CEO zu der Frage verleitete, ob er sich nicht ebenso verhalten sollte.

Jobs habe seine Reputation für »mieses Verhalten in der Anfangszeit seiner Karriere« absolut verdient, bestätigte Catmull. Doch viele Journalisten, Biografen und Filmemacher hätten, betonte er, einen wichtigen Teil der Geschichte übersehen: dass sich Jobs nach seinem »Rauswurf« bei Apple und einer Serie von Rückschlägen mit seiner High-End-Computerfirma NeXT und in der Anfangszeit von Pixar grundlegend verändert hatte. Jobs sei, wie Catmull das ausdrückte, »ein Jahrzehnt durch die Wildnis gewandert«. Doch dadurch, »dass er diese Misserfolge aufgearbeitet und verstanden und sich dann mit Pixar durchgesetzt hatte, hatte er sich verändert«, erklärte Catmull. »Er wurde empathischer, ein besserer Zuhörer, ein besserer Chef, ein besserer Geschäftspartner«. Und laut Catmull war es dieser »nachdenklichere und fürsorglichere« Steve Jobs, der »Apple zu seinem unglaublichen Erfolg führte«. Jobs blieb ein tougher Verhandlungspartner, ein Perfektionist und jemand, mit dem man sich lieber nicht anlegte; doch seine größten Erfolge feierte er, wie Catmull betonte, erst, nachdem er sein schlechtes Verhalten anderen gegenüber abgelegt hatte, für das er in seinen frühen Jahren berüchtigt gewesen war.

Doch selbst wenn die Arschloch-Fans recht haben und Arschlochtum in allen (oder doch den meisten) Fällen der Weg zu persönlichem Erfolg sein sollte: Wenn Sie andere wie Dreck behandeln, richten Sie damit so viel Schaden an, dass *Sie, selbst wenn Sie ein Sieger und ein Arschloch sind, am Ende als Mensch immer der Verlierer sein werden.*

Ich sage das nicht nur in meiner Eigenschaft als *der* Arschloch-Experte. Auch wenn unser Wissen darum, wie man am besten mit Arschlöchern verfährt, vage und unvollständig ist, die Schäden, die die Opfer herabwürdigender und respektloser Leute erleiden, sind bestens dokumentiert. Tausende von Studien in allen möglichen Bereichen belegen, wie hoch die Arschloch-Gesamtkosten (AGK) für Gruppen, Organisationen und die Gesellschaft sind – von den unmittelbar betroffenen Menschen ganz zu schweigen.

Unzählige Experimente belegen, dass Begegnungen mit unverschämten, beleidigenden und herabwürdigenden Leuten die Leistungen anderer vermindern – darunter ihre Fähigkeit, Entscheidungen zu fällen, ihre Produktivität, ihre Kreativität und ihre Bereitschaft, sich bei der Arbeit mehr anzustrengen und etwas länger zu bleiben, um ein Projekt abzuschließen oder Kollegen zu helfen, die auf ihren Rat, ihre Fähigkeiten oder ihre emotionale Unterstützung angewiesen sind. So wurden bei einem Experiment mit Ärzten und Krankenschwestern auf Neugeborenen-Intensivstationen in israelischen Krankenhäusern gezielt Begegnungen mit einem arroganten amerikanischen Gesundheitsexperten inszeniert.[4] Der Amerikaner äußerte sich verächtlich über die Fähigkeiten und die Intelligenz seiner israelischen Kollegen, ließ sie wissen, dass er von »dem medizinischen Standard in Israel enttäuscht« sei und dass die Ärzte und Pfleger, die er hier bei der Arbeit beobachtet habe, in seiner Abteilung in den USA »nicht eine Woche überstehen« würden. Bei anschließenden Tests, darunter der Diagnose des körperlichen Allgemeinzustands, einer Darmperforation und Herzproblemen an einer medizinischen Übungspuppe, schnitten die solchermaßen herabgesetzten Ärzte und Pfleger im Vergleich zu einer Kontrollgruppe sehr viel schlechter ab.

Mit anderen Worten, das amerikanische Arschloch verunsicherte seine israelischen Kollegen so sehr, dass ihre Fähigkeit, kranke Babys zu behandeln, deutlich nachließ. Einen ähnlichen Effekt haben aggressive Patienten auf Ärzte. Wie Forschungen aus den Niederlanden nahelegen, unterlaufen Ärzten bei der Diagnose schwieriger und aggressiver Patienten, die ihre Kompetenz infrage stellen, mehr Fehler als im Umgang mit höflicheren Patienten.[5]

2011 retweetete der bekannte Science-Fiction-Autor William Gibson einen Gedanken von »Notorious d. e. b.« (@debihope auf Twitter), der sich viral verbreitete: »Bevor man bei sich eine Depression oder geringes Selbstwertgefühl diagnostiziert, sollte man sichergehen, dass man nicht einfach von Arschlöchern umgeben ist.« Vieles spricht für diese Empfehlung von @debihope. Dass Aggressivität und Unhöflichkeit ansteckend sind und auf Tage und Wochen hinaus die psychische und physische Gesundheit der Opfer untergraben können, wird von vielen Studien bestätigt – unter anderem solchen zu »Air Rage« von lauten, unflätigen und beleidigenden Fluggästen, zu »Phone Rage« und »Road Rage«, also Aggression am Telefon beziehungsweise aggressivem Verhalten im Straßenverkehr, sowie zum sogenannten »Fußgänger-Aggressivitäts-Syndrom«, gemeinhin auch als »Sidewalk Rage« bezeichnet. Tausende von Untersuchungen zu Mobbing in der Schule belegen eindrücklich die psychologischen Folgeschäden wie schlechtere schulische Leistungen, begleitet vielfach von psychischen und körperlichen Gesundheitsproblemen.[6] Und Kinder, die von anderen Kindern tyrannisiert werden, leiden nicht selten ihr ganzes Leben lang unter den traumatischen Erfahrungen und werden als Erwachsene häufiger straffällig und leiden eher unter finanziellen Problemen, Depressionen und Nikotinmissbrauch.

Die Forschungen zu Arschlöchern am Arbeitsplatz (mit denen sich dieses Buch hauptsächlich beschäftigt) belegen, dass herabwürdigende und respektlose Kollegen, Untergebene, Kunden, Klienten und insbesondere Vorgesetzte (aka »Bosshole« bzw. »Arschboss«) die Performance und das Wohlbefinden am Arbeitsplatz schwächen. Fließbandarbeiter etwa reagieren auf verbale Demütigungen mit emotionaler Distanzierung und geringerer Produktivität.[7] Neu eingestellte Krankenschwestern, die von altgedienten Pflegekräften und Ärzten tyrannisiert werden, engagieren sich weniger und zeigen seltener Mitgefühl für Patienten.[8] Servicemitarbeiter, die von Kunden aggressiv behandelt werden (etwa durch provozierende Gesten, Beleidigungen, Anschreien oder böse Blicke), melden überdurchschnittlich häufig mentale und körperliche Gesundheitsprobleme und engagieren sich weniger für ihre Arbeit.[9] Nicht viel anders ergeht es übrigens Servicemitarbeitern, die lediglich miterleben, wie ihre Kollegen von Kunden abgekanzelt werden.[10]

Und wenn andere wie Dreck behandelt werden, ist das ansteckend – sprich, wenn Sie mit einem Arsch (oder, schlimmer noch, einem ganzen Haufen davon) zusammenarbeiten, laufen Sie Gefahr, selbst einer zu werden. Wie sich die Scheiße nach unten ausbreitet, dokumentiert eine Studie aus dem Jahr 2012: Tyrannische Führungskräfte neigen dazu, tyrannische Teamleiter auszuwählen oder heranzuziehen, die ihrerseits destruktive Konflikte in ihren Teams provozieren und damit die Kreativität der Teammitglieder abwürgen.[11]

Die Liste der von Arbeitsplatz-Arschlöchern angerichteten Schäden lässt sich fast endlos fortsetzen: weniger Vertrauen, weniger Motivation, weniger Innovation und weniger Bereitschaft, eigene Vorschläge einzubringen; mehr Diebstahl, längere Fehlzeiten und eine schlechtere Arbeitsatmosphäre. Allein in den USA verursachen fiese Vorgesetzte nach Schätzungen von Professor Bennett Tepper von der Ohio State University und seinen Kollegen Kosten in Höhe von 23,8 Milliarden US-Dollar pro Jahr (durch längere Fehlzeiten, höhere Behandlungskosten und Produktivitätseinbußen).[12] Und das sind Zahlen von 2006. Heute dürften die Kosten sehr viel höher ausfallen. Widerlinge am Arbeitsplatz ruinieren auch die geistige und körperliche Gesundheit ihrer Opfer – was Angststörungen, Depressionen, Schlafprobleme, hohen Blutdruck und Beziehungsprobleme mit Familien und Partnern zur Folge hat. Laut einiger Langzeitstudien in Europa geht die Arbeit unter einem »Arschboss« mit einem erhöhten Risiko für Herzkrankheiten und vorzeitigem Tod einher. So ergab etwa eine über 20 Jahre hinweg laufende Studie mit 6000 Mitarbeitern des öffentlichen Dienstes in Großbritannien, dass Angestellte, deren Vorgesetzte sie unfair kritisierten, ihnen nicht zuhörten, wenn sie Probleme meldeten, und sie nur selten lobten, überdurchschnittlich häufig an Angina pectoris und Herzinfarkten erkrankten und infolge von Herzleiden starben.[13]

Sie verstehen, was ich sagen will. Es geht gar nicht darum,

ob die Arschlöcher um Sie herum schneller vorankommen oder sich (was wahrscheinlicher ist) ihr Leben, ihre Karriere und ihr Unternehmen versauen. Es geht darum, dass sie eine Gefahr für Sie und für andere darstellen. Mit diesem Buch will ich Ihnen helfen, sich selbst und die Freunde, Kollegen, Kunden, Teams und Organisationen, die Ihnen am Herzen liegen, vor diesen übel wollenden Leuten und ihren giftigen Worten und Taten nicht nur zu schützen, sondern auch gegen sie anzukämpfen.

Was Sie erwartet

In den folgenden sechs Kapiteln zeige ich Ihnen, wie man Tyrannen, Intriganten und Arschlöcher beurteilt, aushält und bekämpft, außerdem, wie man ihnen entkommt und wie man sie loswird. In Kapitel 2, »Arschloch-Assessment: Wie schlimm ist das Problem?«, gebe ich Ihnen sechs diagnostische Fragen an die Hand, mit deren Hilfe Sie beurteilen können, wie gefährlich ein gegebenes Arschloch-Problem ist, wie schwierig es zu handhaben und wie schädlich es ist – sprich, ob minimale, mäßige oder maximale Schutz- und Gegenmaßnahmen erforderlich sind. In den nächsten vier Kapiteln wäge ich die Vor- und Nachteile und Feinheiten verschiedener Überlebensstrategien ab: In Kapitel 3 erkläre ich, wie und wann Sie »Einen klaren Schnitt machen« sollten. In Kapitel 4 liefere ich Ihnen »Arschloch-Vermeidungsstrategien«, soll heißen Methoden, wie Sie den Kontakt zu Arschlöchern reduzieren, denen Sie – zumindest vorerst – nicht entkommen können. In Kapitel 5 geht es um »Kognitive Tricks zum Schutz Ihrer Seele«, also darum, wie Sie anders über Arschlöcher denken und anders auf sie reagieren können, damit Sie und andere nicht so sehr unter ihnen leiden. In Kapitel 6 konzentriere ich mich darauf, wie Sie zum »Gegenangriff übergehen« können –, stelle effektive und manchmal auch etwas unfeine Mittel und Wege vor, wie man Arschlöcher bekehren, in die Schranken weisen und loswerden kann – und wie man die Widerlinge etwas zähmt oder sie in zahnlose Papiertiger verwandelt.

Das Buch schließt mit Kapitel 7 und der Empfehlung, »Teil der Lösung zu sein, nicht des Problems«. Hier zeige ich, was es bedeutet, die Anti-Arschloch-Regel zur persönlichen Philosophie zu machen, ein Anliegen, das sich durch dieses Buch zieht und es zusammenhält. Diese Regel ist nicht nur für Teams und Organisationen gedacht. Sie ist eine persönliche Verpflichtung, die beeinflusst, wie Sie Menschen beurteilen, mit welchen Leuten Sie Zeit verbringen und zusammenarbeiten und wie Sie respektlose Handlungen gegen Sie selbst und andere wahrnehmen, unterbinden und bekämpfen.

Ein Mantra gegen Vorurteile

Hüte dich davor, andere vorschnell als Arschloch abzustempeln,
doch neige dazu, in dir selbst eines zu sehen.

Wenn Sie dieses Mantra im Kopf behalten, kann Sie das davor bewahren, Ihren intuitiven Reaktionen zum Opfer zu fallen – und Sie daran erinnern, Ihr spontanes Bauchgefühl über vermeintliche Widerlinge nochmals zu überdenken und möglicherweise sogar zu revidieren. Mit diesem Mantra im Kopf holen Sie mehr aus diesem Buch heraus. Wenn Sie es sich vorsagen, es leben, kann es Ihnen – und denen, die Sie unterstützen, unterrichten oder coachen – helfen, besser zu verstehen, wann und wo Tyrannen und Intriganten ihre hässliche Fratze zeigen (und wann und wo nicht), warum sie ihr mieses Handwerk verrichten und wie man mit ihnen umgeht. Das ist eine der wichtigsten Lektionen, die ich über die Jahre hinweg über das Denken über und den Umgang mit Arschlöchern gelernt habe.[14]

Uns in unseren Urteilen über andere und uns selbst danach zu richten wirkt den Vorurteilen entgegen, die tief in allen Menschen verankert sind – selbst in den Freundlichsten, Fürsorglichsten und Selbstlosesten unter uns. Wie Sie in Kapitel 7 sehen werden, sind wir, wie psychologische Studien belegen, uns unserer eigenen Schwächen und Fehler nicht bewusst oder spielen sie herunter, neigen wir dazu, unsere Fähigkeiten und Fertigkeiten (vorzugsweise in den Bereichen, in denen wir am wenigsten kompetent sind) zu überschätzen, und sind anfällig dafür, anderen die Schuld für unsere Probleme in die Schuhe zu schieben (selbst wenn wir ganz allein dafür verantwortlich sind). Wer sich wie ein Arschloch aufführt oder herabwürdigendes und respektloses Verhalten von anderen toleriert oder gar ermöglicht, ist, so zeigen diese Untersuchungen, in der Regel nicht gewillt, diese wenig schmeichelhaften Fakten sich selbst oder anderen gegenüber einzugestehen. Kein Wunder also, wenn in den US-weiten Umfragen des Workplace Bullying Institute zwischen 2007 und 2014 zwar über 50 Prozent der Befragten angeben, selbst unter andauerndem Mobbing zu leiden oder Zeuge davon geworden zu sein – aber nicht einmal ein Prozent zugeben, dass sie selbst andere wiederholt mies behandelt haben.[15] Mit ein Grund für dieses eklatante Missverhältnis könnte darin liegen, dass manche Menschen dünnhäutig oder regelrecht paranoid sind, auf kleine oder nur eingebildete Kränkungen überreagieren und anderen Menschen böse Absichten unterstellen, die ihnen gar nichts Übles wollen (oder sogar versuchen, ihnen zu helfen). Der Hauptgrund aber ist darin zu sehen, dass Leute, die sich wie Arschlöcher aufführen, in vielen Fällen blind für ihr eigenes mieses Verhalten sind und dafür, wie andere das wahrnehmen.

Dieses Mantra ist kein Allheilmittel gegen beschränkte Selbstwahrnehmung. Aber es kann ein Gegenwicht darstellen zu den automatischen und häufig fehlerhaften Interpretationen, zu denen wir alle neigen. Wer sich davor hütet, andere vorschnell als Arschloch abzustempeln, gewinnt Zeit, in der er andere Erklärungen in Erwägung ziehen und Mitgefühl für das vermeintliche Arschloch entwickeln kann – statt aus spontanem und manchmal unnötigem Schmerz und Zorn heraus zu reagieren. Und wer schnell dabei ist, sich selbst des Arschlochtums zu bezichtigen oder doch zumindest darüber nachzudenken, ob vielleicht nicht er selbst Teil des Problems ist, beugt damit der allzu menschlichen Tendenz vor, die eigenen Schwächen und Sünden herunterzuspielen. Vor allem hilft dieses Mantra uns dabei, den Teufelskreis zu unterbrechen, in dem beide Seiten – das vermeintliche Opfer und sein mutmaßlicher Peiniger – sich permanent ins Unrecht gesetzt fühlen und sich gegenseitig *»Nicht ich bin das Arschloch, sondern du!«* ins Gesicht schleudern.

2 Arschloch-Assessment:

Wie schlimm ist das Problem?

Arschlöcher kennen jede Menge gemeine Tricks, mit denen sie ihre Opfer quälen. Hier eine kleine Kostprobe aus meinen E-Mails: Fingerschnalzen direkt am Ohr. Anbrüllen. Lächelt freundlich und flüstert einem dabei »Du bist ein Nichts. Ich mach dich fertig« ins Ohr. Verhält sich wie ein passiv-aggressives Arschloch, das Leute behandelt, als wären sie Luft, und ihre Bitten ignoriert. Lädt nur die »Lieblinge« zur Büroparty vor dem Betriebsurlaub ein. Unterbricht andere »fünf Mal in fünf Minuten«. Fragt »Sind Sie mit diesem Schrott jetzt endlich durch?«. Beruft sonntags verpflichtende Teamsitzungen ein. Macht eine Kollegin lächerlich, weil sie zu viel arbeitet. Starrt andere böse an, lässt Beschimpfungen vom Stapel, trägt ein »saures Morgengesicht« zur Schau, frotzelt ständig, behandelt alles als Notfall und macht aus jedem Mückenschiss einen Elefanten. Scharwenzelt um Kollegen herum und macht ihnen Komplimente, nur um dann hinter ihrem Rücken bösartige Lügen über sie zu verbreiten. Meldet einen Mitarbeiter, weil er eine Viertelstunde zu FRÜH zur Arbeit kommt. Bekommt einen Wutanfall, weil das Wasser für den Wasserspender zu spät geliefert wird. Lobt in acht Jahren ein einziges Mal. Nutzt das F-Wort in praktisch jedem Satz. Atmet wie Darth Vader, wenn sie sauer ist. Kündigt Mitarbeitern am Telefon und verlangt von anderen, ebenso zu verfahren. Steckt einer Kollegin, dass Kunden Mitleid mit ihr hätten, weil sie »so traurige Augen hat«. Beschimpft eine Kundin hinter ihrem Rücken als eine »hässliche Schlampe«, die in »Lumpen« herumläuft. Wirft eine glühende Zigarette auf einen Kollegen. Packt ihn und beißt ihn so fest in den Arm, dass »ein blauer Fleck« zurückbleibt.

Nun ja, angesichts der Vielzahl von Geschichten über rücksichtsloses und entwürdigendes Verhalten, die heute in den traditionellen und sozialen Medien kursieren, werden diese Beispiele Sie wahrscheinlich nicht allzu sehr schockieren. Und doch würden manche dieser Unsäglichkeiten erstunken und erlogen erscheinen oder maßlos übertrieben, gäbe es nicht fotografische Beweise dafür. So zeigt ein 2016 von Channel NewsAsia in China gepostetes Video einen Manager der Shanxi Changzhi Zhangze Agricultural and Commercial Bank, der – vor den Augen mehrerer Hundert Kollegen – acht Mitarbeitern jeweils vier Mal mit einem langen Stock auf den Hintern schlägt, weil sie »nicht hart genug gearbeitet« hätten. Einer der im Rahmen dieses »Durchbruch-zu-mehr-Leistung-Workshops« gezüchtigten Mitarbeiter schrie, stolperte und litt offenkundig unter erheblichen Schmerzen. Oder werfen Sie einen Blick auf @passengershame, ein Twitteraccount, auf dem Bilder und Videos von Fluggästen gepostet werden, die abstoßende Dinge tun, etwa ihre nackten und ungewaschenen Füße gegen die Decke pressen oder auf die Armlehnen ihrer Sitznachbarn legen. In einem Video sieht man, wie eine Frau dem neben ihr sitzenden Mann Pickel ausdrückt und Nasenhaare herausreißt; in einem anderen eine Frau, die eine Stewardess, die sie auffordert, ihre Zigarette auszumachen, zuerst ignoriert und dann beschimpft.

Die Wissenschaft kennt und unterscheidet mehrere Hundert verschiedene miese Verhaltensweisen. Kathryne Dupré von der Carleton University und ihre Kollegen etwa haben für eine Studie zu »kundeninitiierter Aggression am Arbeitsplatz« 428 Mitarbeiter dazu befragt, ob und wenn ja wie oft sie elf verschiedene unverschämte Verhaltensweisen von Kunden selbst erlebt, mit angesehen oder davon gehört hatten. Dazu gehörten »Ließ Ihnen gegenüber eine gehässige Bemerkung fallen«, »Starrte Sie finster oder anzüglich an« und »Erhob eine falsche Anschuldigung gegen Sie«.[1] Bennett Tepper von der Ohio State University hat die »Abusive Supervision Scale« entwickelt, eine Skala für missbräuchliches Verhalten von Vorgesetzten, auf der mithilfe von 15 Fragen evaluiert wird, wie häufig »mein Chef mich vor anderen herunterputzt«, »anderen gegenüber negative Bemerkungen über mich fallen lässt« oder »meine Privatsphäre verletzt«.[2] Philip Smith von der Yale University hat mit seinen Kollegen den »unverschämten Fremden im alltäglichen Leben« und dazu 21 verschiedene Arten von Unverschämtheit unter die Lupe genommen (zum Beispiel »Hat sich vor mich gedrängelt« oder »Ist in meine Privatsphäre eingedrungen«), die so an 27 unterschiedlichen Orten vorgefallen waren (zum Beispiel »In einem Supermarkt«, »Auf der Autobahn/Schnellstraße« oder »Am Check-in-Schalter am Flughafen«).[3]

Mit anderen Worten, diese Geschichten und Studien benennen so viele verschiedene Arten von Arschlöchern, die an so vielen verschiedenen Orten unterwegs sind und ihr mieses Geschäft in so vielen Varianten betreiben, dass es unmöglich ist, eine Überlebensstrategie zu entwerfen, die für jeden Drecksack funktioniert. Falls Ihnen jemand erzählt, er wüsste ein umfassendes und todsicheres Heilmittel für sämtliche Arschloch-Probleme, dann belügt er sich selbst und Sie mit dazu. Ich kann Ihnen keine einfache und schnelle Lösung versprechen. *Überleben unter Arschlöchern* kann Ihnen allerdings helfen herauszufinden, welche Überlebenstricks und -strategien am besten geeignet sind, durch die speziellen Gemeinheiten zu navigieren, mit denen Sie zu kämpfen haben, sowie Mittel und Wege aufzeigen, wie Sie weniger Schaden davontragen und – von Zeit zu Zeit – am Ende die Oberhand behalten. Die folgenden Kapitel enthalten bewährte und praxistaugliche Taktiken und Tipps, die Sie bei der Entwicklung und Verfeinerung Ihrer eigenen maßgeschneiderten Überlebensstrategie berücksichtigen können.

Im ersten Schritt müssen Sie herausfinden, wie schlimm es um Sie oder diejenigen bestellt ist, denen Sie helfen möchten. Hüten Sie sich vor ersten Eindrücken. Vorschnelle Urteile sind gefährlich. Der Nobelpreisträger Daniel Kahneman empfiehlt jedem, der sich auf ein »kognitives Minenfeld« zu begeben gedenkt – sprich, der vor einer verwirrenden, schwierigen und quälenden Herausforderung steht –, es langsam anzugehen, die Situation zu studieren, unterschiedliche Reaktionen in Erwägung zu ziehen und mit ein paar klugen Leuten zu reden, bevor man sich auf einen Plan festlegt und erste Maßnahmen ergreift.[4] Die Risiken voreiliger Schlüsse und die Vorteile, die darin liegen, sich Zeit zum Nachdenken zu nehmen, sind bestens dokumentiert. Dr. Jerome Groopman ermahnt seine Arztkollegen, ihrer Neigung zu übereilten Diagnosen zu widerstehen (die meisten Ärzte nehmen sich dafür weniger als 20 Sekunden Zeit). Sein Mentor hatte ihm geraten, dass es in vielen Fällen besser ist, »nicht einfach irgendwas zu machen, sondern erst mal nur dazustehen«.[5] Besser auf jeden Fall, als eine schnelle und schlechte Diagnose zu stellen und Patienten einer falschen Behandlung zu unterziehen.

Dieses Kapitel soll Ihnen helfen, voreilige Schlüsse über Probleme mit potenziellen Arschlöchern zu vermeiden. Ich gebe Ihnen sechs diagnostische Fragen an die Hand, über die Sie nachdenken und mit Leuten reden sollten, denen Sie vertrauen. Mit der ersten Frage können Sie feststellen, ob Sie überhaupt ein Arschloch-Problem haben. Falls ja, helfen Ihnen die nächsten fünf Fragen herauszufinden, wie schlimm es ist – und damit, wie entschlossen (oder auch wie dringend) Sie dagegen vorgehen müssen. Je schlimmer die Lage, desto intensiver sollten Sie daran arbeiten, eine Überlebensstrategie zu entwickeln und umzusetzen. Desto wichtiger ist es auch, weniger drängende Probleme hintanzustellen und sich darauf zu konzentrieren, die Peiniger in den Griff zu bekommen und zu zähmen. Desto eher müssen Sie auf dem Weg dahin auch mit Überraschungen und Rückschlägen rechnen – und werden gezwungen sein, durch Ausprobieren und Scheitern noch mehr zu lernen und Ihre Strategie immer wieder anzupassen.

Haben Sie ein Problem?

Wie wir gesehen haben, bezichtigt man Arschlöcher unzähliger Schweinereien. Und es gibt einige unverzeihliche Handlungen – körperliche Übergriffe oder sexuelle Belästigungen beispielsweise –, die das Etikett »Arschloch« zwingend nach sich ziehen. Andererseits gibt es je nach Kultur, Branche und Organisation erhebliche Unterschiede, wann und warum jemand dieses Etikett verdient hat. Ebenso gibt es große Unterschiede darin, wie Personen auf ein- und dieselben widerwärtigen Aktionen und Menschen reagieren. Attacken, nach denen sich die einen beleidigt oder unterdrückt fühlen, prallen an anderen einfach ab oder werden von ihnen erst gar nicht wahrgenommen. Wieder andere lachen darüber, und manche legen sie gar als Bestätigung oder Zeichen der Zuneigung aus. Beispielsweise gilt es, wie mir ein ehemaliger Profispieler der National Football League erzählt hat, nach einem besonders guten Spielzug als großes Lob, den Teamkollegen auf den Kopf oder den Hintern zu hauen und als »one bad motherfucker« zu bezeichnen – ein derber Ausdruck, der einen woanders den Job kosten oder eine Strafanzeige nach sich ziehen könnte.

Die erste diagnostische Frage geht zurück auf eine Feststellung der 2014 verstorbenen US-Schriftstellerin Maya Angelou: »Unter dem Strich erinnern sich die Leute nicht daran, was du getan oder gesagt hast; sie erinnern sich daran, welche Gefühle du in ihnen ausgelöst hast.« Natürlich werden viele der Opfer niemals vergessen, was ihre Täter ihnen angetan oder zu ihnen gesagt haben. Dennoch erscheinen mir Angelous Worte durchaus zutreffend. Die Leute, bei denen ich mir »Was für ein Arschloch!« denke – diejenigen, die mir gegen den Strich gehen und mich in den Wahnsinn treiben –, sind diejenigen, die schmerzhafte Gefühle in mir oder in denen auslösen, die mir wichtig sind. Nicht anders verhält es sich auch für die Leute, die mir ihre Arschloch-Geschichten erzählen: So unterschiedlich die Methoden sind, mit denen sie gequält werden, so sehr gleichen sie sich alle darin, dass jemand etwas macht, das sie aus der Fassung bringt, bedrängt, schwächt oder auf andere Weise emotional aufwühlt und verletzt.

Auch wenn ich mich auf die Gefühle der Opfer konzentriere, heißt das nicht, dass sie als »Ziele«, als Betroffene, automatisch von jeglicher Schuld freigesprochen wären. Das weicht ab von dem üblichen Spiel, in dem Arschlöcher benannt und beschuldigt werden. Ob es Wissenschaftler sind, die mit Fragebögen Mobbing, Misshandlungen oder Aggression zu erfassen suchen, oder Leute, die auf @passengershame verstörende Bilder posten – dahinter verbirgt sich oft die Annahme, dass diese schändlichen Handlungen von bösen und schuldigen Tätern begangen und von unschuldigen Opfern oder Umstehenden gemeldet werden.

Wollen Sie Ihr Arschloch-Problem, und wie man es am besten angeht, jedoch *wirklich* verstehen, müssen Sie auch in Betracht ziehen, wie *Ihre* Eigenarten, Ihr Hintergrund und Ihre Voreingenommenheit Ihre Gefühle formen. Wenn wir die Verantwortung für unsere Gefühle übernehmen – und verstehen, welche Motive sich hinter den Gefühlen anderer Opfer oder Zeugen verbergen –, kann das uns (oder anderen) helfen zu erkennen, wie sich der Schaden begrenzen lässt. Und es kann uns helfen zu verstehen, wie wir (oder andere) durch unser Verhalten alles nur noch schlimmer machen – zum Beispiel wenn wir zu dünnhäutig reagieren, wenn wir vermeintlichen Widerlingen allzu schnell oder allzu viel Schuld zuweisen oder wenn wir uns selbst wie Arschlöcher aufführen.

Hier also die erste diagnostische Frage. Stellen Sie diese Frage sich oder den Menschen, denen Sie helfen wollen:

1. Haben Sie das Gefühl, dass das mutmaßliche Arschloch Sie (und vielleicht auch andere) wie Dreck behandelt? Fühlen Sie sich nach Begegnungen mit einem mutmaßlichen Arschloch (oder einer ganzen Gruppe davon) unterdrückt, herabgewürdigt, unhöflich behandelt oder geschwächt – oder gar alles zusammen?

Ist die Antwort auf diese Frage ein klares »Nein«, dann gibt es kein Problem oder zumindest keines, um das man sich kümmern müsste. Wenn Sie aber mit »Ja« antworten, bedeutet das, dass Sie oder andere psychischen Schaden erleiden und es klug wäre, Schutzmaßnahmen zu ergreifen. Vergessen Sie nicht, nicht jedes Arschloch-Problem gleicht dem anderen. Manche sind schlimmer als andere.

Wie schlimm ist es?

Zur Einstimmung die Geschichte eines Marketingmanagers, der, wie er mir schrieb, viele Jahre in einer »Ar$chloch-Firma« arbeitete und litt – und zwar so sehr, dass er sich irgendwann wünschte, »jemand würde ein Riesenzelt über das Gebäude stellen und es mit Ar$chloch-Insektizid einnebeln«. Das Sagen in der »Firma« hatten »supercholerische Ar$chloch-Familienmitglieder«, die regelmäßig die Mitarbeiter und sich untereinander anbrüllten, die »einen finster anstarrten und anknurrten« und mit dem Manager sprachen, als wäre er »ein fünfjähriger Junge«.

Nach dieser Einleitung folgte eine ganze Liste aggressiver und bizarrer Aktionen seitens der herrschenden Familie, etwa: »Wenn ich etwas aß, sagen wir eine Tüte Kartoffelchips, kam es vor, dass der Präsident in meine Bürozelle marschierte, mit der Hand in die Chipstüte griff, mich anschaute und sagte: ›Ich darf doch?‹« Irgendwann wurde der unmittelbare Vorgesetzte des Managers, der zunächst »optimistisch, freundlich, motiviert und vertrauenswürdig« gewesen war, ebenfalls von der Seuche befallen und mutierte zu einem grausamen und doppelgesichtigen Despoten. Und auch der Manager selbst verwandelte sich in ein »Ar$chloch«, wie er eingestand. »Bei Telefonaten mit Verkäufern verlor ich die Beherrschung, mein Stresslevel erreichte ein Maß, mit dem ich nicht mehr umgehen konnte, und ich verschickte immer mehr ätzende und verletzende E-Mails. Auch mein Privatleben litt darunter, und es kam immer öfter vor, dass ich nach der Arbeit ohne jeden Grund gegenüber meiner Partnerin ausfällig wurde.« Nach sieben Jahren schaffte er endlich den Absprung – allerdings erst, nachdem er viel Leid ertragen und anderen selbst viel Leid zugefügt hatte.

Dieser spezielle Fall entsetzt und fasziniert mich gleichermaßen, weil der Manager so viele Jahre nicht erkannte, wie viel Schaden diese »Firma« nicht nur ihm zufügte, sondern auch seinen Kollegen, seiner Lebensgefährtin und den Verkäufern, die er mit gehässigen E-Mails malträtierte. Weil ihm erst *nach* seiner Flucht aufging, wie furchtbar die Lage geworden war. Ein kurzer Blick auf die Liste der diagnostischen Fragen enthüllt, wie schlimm die Situation war: Er hatte das Gefühl, wie Dreck behandelt zu werden, die Sache lief über viele Jahre, es waren immer dieselben Leute, die ihn niedermachten (sprich, es handelte sich um »amtliche Arschlöcher«), die Krankheit war systemisch, er hatte weniger Macht als die meisten seiner Peiniger, und er litt gewaltig.

Doch wir Menschen sind mit einer bemerkenswerten Fähigkeit zur Verdrängung und Verleugnung gesegnet. Hätte der Manager erkannt, wie schlecht die Dinge standen, dann hätte er, davon bin ich überzeugt, schnellere und wirksamere Gegenmaßnahmen ergriffen – und vor allem sehr viel früher die Beine in die Hand genommen. Egal, ob Sie in einer ähnlich fatalen Lage wie er feststecken oder es mit subtileren und weniger klar umrissenen Problemen zu tun haben – Sie sollten innehalten, nachdenken und die Situation gründlich analysieren. Stellen Sie sich die verbleibenden fünf Fragen – und bitten Sie Menschen, denen Sie vertrauen, um ihre Sicht der Dinge und ihren Rat.

Wie schlimm ist es?

Sechs diagnostische Fragen

1. Haben Sie das Gefühl, dass das mutmaßliche Arschloch Sie (und vielleicht auch andere) wie Dreck behandelt?

Fühlen Sie sich nach Begegnungen mit einem mutmaßlichen Arschloch (oder einer ganzen Gruppe davon) unterdrückt, herabgewürdigt, unhöflich behandelt oder kraftlos? Ja? Dann sollten Sie sich schleunigst daranmachen, einen Überlebensplan zu entwerfen.

2. Wie lange werden die Gemeinheiten weitergehen?

Falls es sich nur um eine kurze Episode handelt, können Sie die Sache möglicherweise aussitzen, ohne großen Schaden zu nehmen. Aber wenn es Tag um Tag weitergeht oder es sich um eine kurze Episode handelt, die Sie und andere aber dauerhaft belastet, ist es ratsam, Schutzmaßnahmen zu entwickeln und umzusetzen.

3. Haben Sie es mit einem temporären oder mit einem amtlichen Arschloch zu tun?

Im Fall eines temporären Arschlochs könnten Sie es über sich ergehen lassen und abwarten, bis er oder sie sich wieder wie ein zivilisierter Mensch aufführt, bevor Sie negatives Feedback geben. Benimmt sich der andere daneben, könnten Sie es alternativ auch mit einer sanften Intervention versuchen. Leiden Sie oder andere dagegen unter jemandem, der sich dauerhaft wie ein Arschloch verhält, haben Sie es mit einem gefährlicheren und schädlicheren Problem zu tun und müssen entsprechend umsichtiger und vorausschauender agieren.

4. Handelt es sich um eine individuelle oder eine systemische Krankheit?

Wenn Sie es mit einem oder vielleicht zwei Arschlöchern und

ansonsten zivilisierten Menschen zu tun haben, dann gibt es – auch wenn Sie in Gefahr sind – aller Wahrscheinlichkeit nach in Ihrer Umgebung Leute, die Ihnen helfen und Sie unterstützen können. Das Hauptrisiko liegt darin, dass Gemeinheit sich wie eine ansteckende Krankheit rasch ausbreiten kann. Leben Sie hingegen in »Arschlochhausen« und fühlt sich jeder Tag an wie eine Tour durch die Arschloch-Allee, dann stehen Sie wahrscheinlich von allen Seiten unter Beschuss, erleiden großen Schaden und haben auch weniger potenzielle Verbündete.

5. Wie viel Macht haben Sie über das Arschloch?

Falls Sie weitaus mehr Macht haben als das Arschloch, steht Ihnen eine weitaus breitere Palette von Optionen zur Verfügung – können Sie etwa leichter selbst einen Abgang machen oder den Drecksack loswerden. Aber überschätzen Sie sich nicht; dass Sie das Alpha-Männchen oder reich und berühmt sind, bedeutet noch lange nicht, dass Sie Ihren Willen durchsetzen können – oder so viel Macht haben, wie Sie zu besitzen glauben. Wenn Sie weniger Macht haben und der Tyrann Ihnen schaden kann, sind Sie stärker gefährdet. Sie müssen sorgfältiger über Ihre Strategie nachdenken und mehr Zeit in die Suche nach Verbündeten investieren, die Sie beschützen können.

6. Wie sehr leiden Sie wirklich?

Das ist es, worauf es unter dem Strich ankommt. Was den einen in den Wahnsinn treibt, lässt den anderen völlig kalt. Vielleicht sind Sie ja besonders dünnhäutig. Wenn Sie es aber mit Leuten zu tun haben, von denen Sie sich unterdrückt, herabgewürdigt, unhöflich behandelt oder aller Kraft beraubt fühlen, müssen Sie, wenn Sie überleben wollen, etwas dagegen unternehmen – jetzt sofort –, und zwar etwas, das viel Zeit in Anspruch nehmen und radikal sein kann.

2. *Wie lange werden die Gemeinheiten weitergehen?* Schon eine kurze Beleidigung, Kränkung oder Respektlosigkeit kann dauerhafte Wirkung haben. Wie die Studien über unhöfliche Fremde des Yale-Soziologen Philip Smith und seiner Kollegen zeigen, haben selbst Episoden, die nur ein paar Sekunden andauern – beispielsweise wenn man in einem Einkaufszentrum von jemandem angerempelt wird oder einem jemand den Parkplatz stiehlt und man dann noch verhöhnt wird –, Auswirkungen, die über Wochen oder gar Monate anhalten können. Manche Betroffene wurden in der Folge toleranter und höflicher, andere »generell ablehnender anderen gegenüber«.[6] Vielleicht verurteilen Sie ja Leute, die wegen solcher beiläufigen Vorfälle beleidigt, sauer oder sonstwie eingeschnappt reagieren, als dünnhäutige Schwächlinge, die das einfach wegstecken sollten. Aber wenn man sich einige dieser beunruhigenden Episoden vor Augen führt, wird klar, wie groß der Schaden ist, der da angerichtet wird.

Am 12. Juli 2016 etwa berichtete der CNN-Nachrichtenmoderator Don Lemon in seiner Sendung von einem rassistischen Kommentar, den ein Bekannter in einem Restaurant fallen gelassen hatte. Lemon und ein anderer Afroamerikaner gehörten einer Gruppe an (die anderen waren Weiße), die eine lebhafte Diskussion über mehrere von einem Heckenschützen verübte Morde führte, die ein paar Tage zuvor in Dallas geschehen waren. Bei dem gezielten Angriff waren fünf Polizisten erschossen und sieben verwundet worden – die Opfer waren Weiße, der Heckenschütze ein Schwarzer. Irgendwann, berichtete Lemon, fragte einer der Weißen aus der Gruppe den anderen Afroamerikaner am Tisch: »Welche Gefühle löst das bei Ihnen als Nigger aus?« Andere in der Gruppe reagierten auf das N-Wort sofort mit wütenden Vorwürfen und forderten eine Entschuldigung. Lemon selbst sagte nichts, empfand aber eine Mischung aus Wut und Neugier, die ihn selbst überraschte.

Obwohl seit dem Vorfall mehrere Tage vergangen waren, wirkte Lemon in der Sendung verstört und bekundete, dass die Sache ihn immer noch umtrieb, dass sie ihm zeigte, wie tief rassistische Vorurteile immer noch verwurzelt waren, und wie naiv allein die Annahme war, dass es unter scheinbar aufgeklärten und gebildeten Menschen keinen Rassismus mehr gab.

Im Vergleich zu einem einzelnen Vorfall ist es unbestreitbar schlimmer, Tag für Tag rassistischen Bemerkungen und Beleidigungen ausgesetzt zu sein, als wenn man bei nur einer Gelegenheit als »Nigger« bezeichnet wird. Und hätte der Marketingmanager in der »Ar$chloch-Firma« nach einem Monat gekündigt – und nicht erst nach sieben Jahren –, hätte er sehr viel weniger leiden müssen. Doch die Erkenntnis aus dem von Don Lemon kolportierten rassistischen Vorfall – und anderen kurzen, aber heftigen Übergriffen – lautet, dass bei der Beurteilung, wie lange die Gemeinheit andauert, auch die Länge und Intensität der Nachbeben berücksichtigt werden sollten. Wenn die Betroffenen weiter über den Vorfall reden, darüber nachgrübeln, mit anderen darüber diskutieren oder auf andere Weise davon verfolgt werden, ist der emotionale Schaden noch nicht zu Ende. Dennoch gilt generell, und dies belegen Studien zu allen möglichen Themen, vom missbräuchlichen Verhalten von Vorgesetzten[7] bis hin zum Mobbing unter Schülern[8], dass der Schaden umso größer und dauerhafter ist, je länger ein Opfer wie Dreck behandelt wird.

3. Haben Sie es mit einem temporären oder mit einem amtlichen Arschloch zu tun? Wir alle sind anfällig dafür, unter den entsprechenden Umständen zu einem temporären Arschloch zu mutieren. Es gibt unzählige Gründe, warum wir andere hin und wieder mies behandeln – etwa weil wir müde sind oder in Eile, uns stark fühlen oder den überwältigenden Drang verspüren, es einem hochgestellten Schweinehund heimzuzahlen. Wie ich schon in *Der Arschloch-Faktor* geschrieben habe: »Die Anerkennung als amtliches Arschloch verlangt weitaus mehr. Die betreffende Person muss ein durchgängiges Verhaltensmuster an den Tag legen, in der Vergangenheit muss es zu einer Fülle von Episoden gekommen sein, an deren Ende sich ein ›Ziel‹ nach dem anderen herabgesetzt, kleingemacht, erniedrigt, verachtet, unterdrückt und geschwächt fühlte und sich insgesamt schlechter vorkam.«[9]

Was zeitweilige Arschlöcher angeht: Gegen Leute, die andere üblicherweise herzlich und respektvoll behandeln, müssen Sie wahrscheinlich nicht viel – wenn überhaupt etwas – unternehmen. In solchen Fällen ist es oft am besten, nichts zu sagen oder sich einfach zurückzuziehen. Wenn es jemand ist, den Sie kennen und eigentlich mögen, können Sie die begangene Feindseligkeit vielleicht auch als Indiz dafür nehmen, dass er oder sie einen beschissenen Tag hat und emotionale Unterstützung braucht.

Jeder von uns hat seine schlechten Momente. Vor Jahren war ich einmal mit Bob Gibbons zum Lunch verabredet, einem Wirtschaftswissenschaftler vom Massachusetts Institute of Technology. Ich bin Psychologe, und es gibt, wie ich gestehen muss, vieles an den Wirtschaftswissenschaften, das mir missfällt (so zeigen unzählige Studien, dass Studenten umso selbstsüchtiger und gieriger werden, je länger sie Wirtschaftswissenschaften studieren).[10] Wie auch immer, als ich mich an diesem Tag mit Bob traf, war ich schlecht gelaunt und ließ es an ihm aus. Ich ließ etwas in der Art vom Stapel, dass die meisten Ökonomen selbstsüchtige Arschlöcher seien. Bob gegenüber war das zweifelsohne unfair; er hatte meinen harschen Kommentar nicht herausgefordert, und dazu ist er einer der nettesten, großzügigsten und verständnisvollsten Akademiker, die ich im Wissenschaftsbetrieb je kennengelernt habe. Statt aber wütend zu werden, schenkte Bob mir ein nachsichtiges Lächeln und fragte mich, ob ich eine schwierige Nacht mit Eve gehabt hätte, meiner kleinen Tochter. Bob lag mit seiner Vermutung goldrichtig. Ich war gestresst nach einer schlaflosen Nacht mit einem kranken Kind. Ich entschuldigte mich und hörte auf, Bob zu beleidigen.

An diesem Tag war ich ein temporäres Arschloch.

Doch das kann auch mal sein Gutes haben. Ein temporäres Arschloch zu sein kann manchmal die Leistung von Untergebenen verbessern. Sprich wenn ansonsten zivilisierte und umgängliche Vorgesetzte unvermittelt Gift verspritzen, tun sie das unter Umständen aus strategischen Gründen. Einen seltenen Wutausbruch des Chefs interpretieren viele der Angesprochenen möglicherweise als negatives Feedback, das sie verdient haben. Und es könnte sie motivieren, sich mehr ins Zeug zu legen. Vor allem in stark konkurrenzgeprägten Situationen kann es sein, dass temporäre Arschlöcher die Menschen, die sie üblicherweise mit Wärme und Respekt behandeln, beschimpfen, finster anstarren oder ignorieren, und das nur tun, um sie zu besseren Leistungen anzuspornen.

Dazu eine faszinierende Studie: An der University of California fanden die Wissenschaftler Barry Staw, Katy DeCelles und Peter Degoey bei einer Untersuchung von über 305 Halbzeit-Kabinenansprachen von Trainern 23 unterschiedlicher Highschool- und College-Basketballteams Hinweise für solche strategischen Gehässigkeiten. Anhand der aufgezeichneten Ansprachen konnten die Forscher herausarbeiten, dass der Grad der »Unfreundlichkeit« der Ansprache mit Veränderungen der Teamleistung in der zweiten Spielhälfte korrespondiert. Bis zu einem gewissen Punkt, so die Studie, konnten Trainer, die negative Emotionen bekundeten, die Leistung ihrer Teams verbessern.

Die Trainer jedoch, die flammende Arschlöcher waren und sich zu extremen Wutausbrüchen verstiegen (zornentbrannt herumbrüllten, Beleidigungen ausstießen, mit Dingen warfen), *drückten* die Leistung.

Besonders lehrreich waren dabei die Unterschiede zwischen temporären und amtlichen Arschlöchern. Trainer, die ansonsten freundlich waren, erzielten mit ihren (gelegentlichen) Ausbrüchen höhere Leistungssteigerungen als Trainer, die durchgängig unfreundlich waren. Sich andauernd als (insbesondere flammendes) Arschloch aufzuführen funktioniert für Trainer also nicht. Ein gelegentlicher strategischer Wutausbruch hingegen scheint zu wirken, da die »Ziele« diesen eher dahingehend interpretieren, dass der Trainer damit nur versucht, sie zu motivieren – statt es als die übliche Raserei eines amtlichen Arschlochs abzutun, das sie sowieso fortlaufend niedermacht.[11]

Wie bei allen Urteilssprüchen über Arschlöcher werden Sie auch in der Frage, wie schlimm die Lage ist und was Sie dagegen unternehmen sollen, bessere Entscheidungen treffen, wenn Sie einer Person – oder einer Gruppe von Personen – nicht allzu schnell das Zertifikat »amtlich« ausstellen. Leute etwa, die hohe Standards vorgeben, Respekt von anderen fordern und nicht besonders herzlich und sympathisch erscheinen – aber andere nicht zersetzen, erniedrigen oder ignorieren –, laufen Gefahr, den Zorn derjenigen zu ernten, die sie zur Verantwortung ziehen, und von ihnen ungerechterweise als Arschlöcher tituliert zu werden (zumindest hinter ihrem Rücken). Sind strenge Vorgesetzte jedoch zugleich immer wieder und ohne Not grob, respektlos und beleidigend, haben sie das Etikett »amtliches Arschloch« voll und ganz verdient.

Captain Holly Graf von der U.S. Navy beispielsweise brüstete sich damit, dass sie an ihre Crew »sehr hohe Anforderungen« stellte. Und sie »wissen ließ, wenn sie diese nicht erfüllten«. Im März 2010 wurde Graf, wie der britische *Telegraph* meldete, aufgrund ihrer »Durchsetzungsstärke«, »herausragenden Seemannschaft« in ihren bisherigen Kommandos und ihrer eisernen Entschlossenheit »zur ersten Frau, die den Befehl über einen Kreuzer der US-Marine übertragen bekam«. Allerdings verblasste Grafs Ruhm schnell. Es gingen zahlreiche Beschwerden ihrer direkten Untergebenen ein und lösten Ermittlungen auf höchster Ebene aus, in deren Folge die Navy sie des Kommandos über die 9600 Tonnen schwere *USS Cowpens* enthob.

»Einer der schwerwiegendsten Vorfälle ereignete sich«, hieß es im *Telegraph*, »als am Vorabend des Irakkriegs die *Winston S. Churchill* unter Capt. Grafs Kommando aus einem sizilianischen Hafen auslief. Als das Schiff in rauere See kam, durchlief ein Zittern den Rumpf. Capt. Graf nahm irrigerweise an, das Schiff sei auf Grund gelaufen, und ihre Reaktion entsprach ganz und gar nicht dem unter Seeleuten so geschätzten gelassenen Führungsstil. Vielmehr habe sie den diensthabenden Offizier der Royal Navy am Kragen gepackt und ihm, wie er später zu Protokoll gab, ins Gesicht geschrien: ›F******* ****. Sie haben mein f****** Schiff auf Grund gesetzt!‹«

Graf habe, so urteilte die Untersuchungskommission der Navy, über einen Zeitraum von sieben Jahren hinweg »Grausamkeiten und Misshandlungen« gegenüber ihren Untergebenen verübt, die ihr von den Matrosen hinter ihrem Rücken erdachte Spitznamen wie »Seehexe« und »Horrible Holly« eintrugen. Von den 36 vernommenen Zeugen lieferten 29 Berichte aus erster Hand über Vorfälle, bei denen Graf Untergebene »erniedrigt, gedemütigt, öffentlich niedergemacht und verbal attackiert« hatte. Außerdem hatte Graf vorgesetzte Offiziere wiederholt als »Idioten« beschimpft und zu einem gesagt: »Schieben Sie sich Ihre gottverdammte Haltung doch in den Arsch und lassen Sie sie dort.« Graf war, scheint es, ein ahnungsloses Arschloch. Sie wies die Anschuldigungen in Bausch und Bogen zurück und sagte zu den Untersuchungsbeamten, dass »ihre Worte nicht persönlich gemeint waren«.

Unglücklicherweise hatte Captain Graf in ihren Untergebenen Angst und Misstrauen hervorgerufen, statt ihnen, wie sie angeblich beabsichtigt hatte, Mut, Kompetenz und Selbstvertrauen einzuflößen. Wie die Geschichte zeigt, können amtliche Arschlöcher, die unnötige Grausamkeit mit notwendiger Härte verwechseln, sich selbst großen Schaden zufügen, wenn ihre Sünden ans Licht kommen.

4. Handelt es sich um eine individuelle oder eine systemische Krankheit? »Meine Universität«, sagte ein Professor aus Europa einmal zu mir, »ist wie ein Flughafen für Arschlöcher. Alle paar Minuten landet eines hier.« Ein großer Teil des Problems sei, sagte er, dass an seiner Universität rüde, arrogante und selbstsüchtige Akademiker eher Jobs angeboten bekamen und akzeptierten als zivilisierte Professoren. Aufgrund von, wie Psychologen dazu sagen, Ähnlichkeits-Anziehungs-Effekten neigen Arschlöcher dazu, sich wie Karnickel zu vermehren. Wie Robert Cialdini in seinem Klassiker *Die Psychologie des Überzeugens* dokumentiert, gibt es sehr viel mehr Belege dafür, dass sich »gleich und gleich gern gesellt«, als dafür, dass »Gegensätze sich anziehen«.[12] Nicht viel anders als der Marketingmanager, der sieben Jahre bei der »Ar$chloch-Firma« ausharrte, beklagte auch der bedrängte europäische Professor, dass selbst dann, wenn freundliche Bewerber zum Zug kamen, diese sich bald wie der Rest der Fieslinge verhielten.

Derartige »Infektionsprobleme« treten auf, weil Emotionen bemerkenswert ansteckend sind – schlechte Launen, Beleidigungen, Grobheiten und Intrigen verbreiten sich wie ein Lauffeuer. Emily Hunter von der Baylor University und

Lisa Penney von der University of Texas etwa untersuchten, wie 438 Mitarbeiter in gastronomischen Betrieben (Wirte, Bedienungen, Kassierer und Manager) auf schwierige Gäste (die unhöflich sind, laut werden, überzogene Forderungen stellen und so weiter) reagierten. Die Befragten gaben an, den Gästen ihre Gemeinheiten auf die unterschiedlichste Weise heimzuzahlen. Mit zu den häufigsten Gegenstrategien zählte, sich hinter ihrem Rücken über sie lustig zu machen, sie länger warten zu lassen oder ganz zu ignorieren und sich auf Wortgefechte mit ihnen einzulassen. Bedienungen gaben auch schwerwiegendere Formen von »negativem Verhalten« zu, etwa dass sie Kunden gerechtfertigte Forderungen verweigern, einen Kunden beleidigen, Trinkgelder ohne Erlaubnis des Gastes erhöhen oder das Essen verunreinigen – weshalb die Wissenschaftlerinnen ihrem Artikel auch den Titel »Der Kellner hat mir in die Suppe gespuckt!« gaben.[13]

Wenn Arbeitsplätze durch Feindseligkeit und Respektlosigkeit verseucht sind, gibt es keinen Platz, an dem man sich verstecken könnte. Die Bösartigkeit betrifft viele, und sie kann in mehrere Richtungen gleichzeitig gerichtet sein. Entweder ist den Leuten nicht klar, dass sie sich wie alle anderen auch in Fieslinge verwandeln, oder sie werden zu strategischen Arschlöchern – und erwidern das Feuer, um sich gegen die Idioten zu wehren, von denen sie umgeben sind. Und weil der Druck, der von systemischen Arschloch-Problemen ausgeht, unerbittliche und zumeist sehr intensive Formen annimmt, ist es sehr viel gefährlicher und schwieriger, dagegen anzugehen, als wenn man es mit isolierten Gemeinheiten oder einem einzelnen Widerling in einer ansonsten zivilisierten Umgebung zu tun hat.

Aber hüten Sie sich trotzdem davor, aus einer oder zwei unerfreulichen Episoden oder Fieslingen auf ein verrottetes System zu schließen. Dieser Trugschluss liegt nahe, wenn der Übeltäter vorgibt, er behandele Sie nur wie jeden anderen Kunden, Angestellten oder jedes andere Gemeindemitglied – also ganz im Sinne der Unternehmenspolitik –, wobei er oder sie in Wahrheit nur ein auf eigene Rechnung agierendes Arschloch ist. Barry Staw – einer der Wissenschaftler, die die Kabinenansprachen von Basketballtrainern unter die Lupe nahmen – konstatiert, dass einzelne Drecksäcke ihre Misshandlungen manchmal rechtfertigen, indem sie vorgeben, für die gesamte Organisation zu sprechen. Ich denke da an griesgrämige Airline-Mitarbeiter oder engstirnige Erbsenzähler, die Anfragen mit dem Verweis auf die »Unternehmenspolitik« abschmettern oder einen Stunden oder Wochen warten lassen und dann erklären, man solle aufhören, sich zu beschweren, weil sie nur den für alle Kunden geltenden »standardisierten Arbeitsanweisungen« Folge leisteten. In Wahrheit handelt es sich dabei oft nur um vereinzelte Drecksäcke, die vorgeben, für eine ganze Organisation zu sprechen.[14]

Vielleicht ist es auch der Kollege, der jeden Tag neben Ihnen sitzt, so wie im Fall einer kalifornischen Vertriebsmanagerin, die mir in einer E-Mail von einem Kollegen erzählte, der behauptete, er würde im Auftrag der Unternehmensleitung genau Buch darüber führen, wann sie und andere jeden Tag zur Arbeit erschienen, und Leute, die nur eine oder zwei Minuten zu spät kamen, ermahnte oder sogar beschimpfte. Es dauerte einige Zeit, bis die Vertriebsmanagerin herausfand, dass die Unternehmensführung gar keinen Wert darauf legte, dass er oder irgendjemand sonst dermaßen kleinlich oder respektlos agierte. Dann aber stellte sie den Widerling zur Rede. »Seit wann«, fuhr sie ihn an, »halten Sie sich hier eigentlich für die selbst ernannte Fluraufsicht Schrägstrich Stempeluhr?«

Der Mann war »sichtlich schockiert« und stammelte etwas davon, dass er seine Kollegen doch nur als »Mentor«

unterstützen wollte. »Ich trat ganz nah an ihn heran«, sagte sie, »schaute ihm direkt in die Augen und sagte: ›Wohl eher als *De-Mentor.* Hören Sie damit sofort auf.‹« Wenn sich Einzelne als Organisation ausgeben, dann verdrehen, überzeichnen oder verleugnen sie, wie diese Vertriebsmanagerin erkannte, den eigentlichen Sinn und Zweck der Unternehmensregeln und versuchen, andere herabzusetzen, zurückzuweisen, zu entmutigen oder zu ignorieren, weil sie selbst unsicher, faul oder auf einem Machttrip sind oder von irgendwelchen persönlichen Problemen geplagt werden. Doch wenn man sie dann entlarvt, fällt ihr Kartenhaus meist ganz schnell in sich zusammen.

Und vergessen Sie nicht, wie schnell ein einziges Arschloch oder ein kleiner Haufen dieser Typen bis dahin zivilisierte Teams oder Organisationen ruinieren können – insbesondere, wenn die Tyrannen und Intriganten die Kontrolle übernehmen oder in einflussreiche Positionen aufrücken. Je mächtiger diese Arschlöcher sind (insbesondere im Verhältnis zu denen, die sie im Visier haben und foltern), desto gefährlicher und schwieriger ist es, sich ihrer zu erwehren.

5. Wie viel Macht haben Sie über das Arschloch? Wenn ein Mobber allein agiert, keine Verbündeten hat und im Vergleich zu Ihnen oder anderen über wenig Macht verfügt, stellt er aller Wahrscheinlichkeit nach keine große Bedrohung dar – etwa wie der von der Vertriebsmanagerin bloßgestellte »*De-Mentor*«. Oder wie der machtlose Widerling in folgendem Beispiel:

Letztes Jahr besuchte ich ein Baseballspiel im Stadion der San Francisco Giants. Gegen Ende des Spiels wurden unter mir in der begehrten ersten Reihe ein paar Sitze frei – die Leute, die dort gesessen hatten, waren gegangen, zumindest für einige Zeit. Ein Fan aus einer der hinteren Reihen nutzte die Gelegenheit und zog mit seiner Frau und seiner kleinen

Tochter auf die besseren Plätze um. Ein Mitarbeiter des »Gästeservice« der Giants sah das, kam herüber und bat das Paar, wieder zu ihren eigenen Sitzen zurückzukehren. Sie hätten, erklärte er, nicht für die teureren Sitze bezahlt, die Inhaber der Sitze könnten jederzeit zurückkehren, und außerdem sei es im Giants-Stadion prinzipiell nicht erlaubt, von billigeren auf teurere Sitze umzuziehen. Der Giants-Mitarbeiter war ein freundlicher älterer Herr, und mir war aufgefallen, dass die Dauerkartenbesitzer in seinem Abschnitt während des Spiels immer wieder mit ihm herumflachsten.

Leider antwortete der Mann auf die Aufforderung des Servicemitarbeiters mit einem Schwall von Beleidigungen und Flüchen. Seiner Frau schoss die Schamesröte ins Gesicht, sie nahm ihre Tochter an die Hand und ging davon. Der Mann tobte noch fünf Minuten lang gegen den Platzanweiser, bevor er schließlich nachgab und sich ebenfalls trollte. Als er die Stufen hinauf zu seinem Sitz ging, hörte ich, wie mehrere Fans ihn als »Drecksack« und »Arschloch« titulierten. Sie waren sauer auf ihn, weil er einen beliebten Mitarbeiter beleidigt hatte, der nur seinen Job machte, und er die ausgelassene Stimmung an diesem Nachmittag ruiniert hatte. Als er an meiner Reihe vorbeikam, sah ich ihn mir – vielleicht etwas zu auffällig – an. Er bemerkte meinen Blick und rief: »Nicht ich bin das Arschloch hier, oder?« Ich erwiderte nichts. Warum auch? Er war machtlos, und er wusste es. Alle waren gegen ihn: die Stadionverwaltung, die Fans und selbst seine Frau.

Dann gibt es noch Leute mit wenig, aber echter Macht – Leute, die eine kranke Befriedigung daraus ziehen, andere zu frustrieren und herumzuschubsen. In *Das Feuer von innen* etwa bekundet der Schriftsteller und Anthropologe Carlos Castaneda seine Verachtung für die »schäbigen kleinen Tyrannen« – Leute mit begrenzter Macht, die einen mit Vergnügen »plagen und elend machen«.[15] Kleine Tyrannen besitzen Macht in einem eng umrissenen, aber essenziellen Bereich und setzen diese auf kleingeistige, rücksichtslose und erniedrigende Weise gegen ihre Opfer ein. Eine häufig anzutreffende und besonders schikanöse Variante davon ist der »Regel-Nazi«. »Sie klammern sich«, schrieb Heidi Grant Halvorson von der Columbia University 2016 in der *Harvard Business Review,* »an die Regeln, wie sich Leonardo DiCaprio in *Titanic* an diese Tür klammert – als ob ihr Leben davon abhinge. Und sie sorgen dafür, dass alle anderen das ebenso tun, selbst wenn die Regel sinnlos ist oder einer höheren Produktivität im Weg steht.«

Ich muss dabei an den Bankmitarbeiter denken, der darauf bestand, dass ich wegen eines kleinen Fehlers ein langes Formular komplett neu ausfüllte – statt mir zu erlauben, den Fehler einfach zu korrigieren und die Korrektur mit meinen Initialen abzuzeichnen. Oder an den Sachbearbeiter der Stanford University, der seine rigiden Regeln mit solchem Gusto durchsetzte, dass ich einen Scheck über 14,12 Dollar an die Universitätsverwaltung ausstellen musste, weil ich bei einem Dinner mit vier Bewerbern für eine Professorenstelle zu viel Geld für Wein ausgegeben hatte (jeder von uns hatte sich ein Glas des billigsten Fusels auf der Karte genehmigt). Wie ein anderer und nicht so engstirniger Verwaltungsmitarbeiter mir mitteilte, kostete es die Universität wahrscheinlich 25 Dollar, meinen Scheck zu verbuchen.

Kennzeichnend für kleine Tyrannen – und viele Regel-Nazis – ist, dass ihre Macht in einem kleinen Bereich mit nur geringem Prestige einhergeht und sie verbittert sind wegen des mangelnden Respekts, der ihnen entgegengebracht wird. Diese Kombination aus Macht und geringem sozialen Status erzeugt ein gefährliches Gebräu – und verleitet sie dazu, ihren Frust und Groll an anderen auszulassen. Nathanael Fast von der University of Southern California führte mit Kollegen ein Experiment mit Studenten durch, das ebendiese Art des Machtmissbrauchs provozierte. Die Forscher ernannten eine Gruppe von Studenten zu »Arbeitern« und sagten ihnen, dass zu ihrer Rolle untergeordnete Tätigkeiten gehörten und die anderen Studenten »auf die Arbeiter herabschauten und ihnen keine Anerkennung oder Respekt entgegenbrachten«.[16]

Die anderen Studenten wurden zu »Ideengebern« ernannt, und man erklärte ihnen, dass sie wichtige Aufgaben durchführen und ihre Mitstudenten zu ihnen aufschauen und ihre Stellung respektieren würden. Anschließend sollten die Studenten beider Gruppen festlegen, durch welche »Reifen« ihr Partner (der imaginär war, den sie aber für real hielten) springen musste, um sich für die Auslosung eines Preises von 50 Dollar zu qualifizieren. Bei den »Reifen« handelte es sich um Aktivitäten, die von gar nicht erniedrigend – etwa »Erzählen Sie dem Studienleiter einen Witz« – bis hin zu absurd und demütigend reichten, etwa »Sagen Sie fünfmal ›Ich bin ein Schwein‹« und »Bellen Sie dreimal wie ein Hund«.

Was passierte? Die unwichtigen »Arbeiter« ließen ihren Groll an den imaginären Partnern aus und bestimmten für sie im Durchschnitt weitaus erniedrigendere Aktionen als die »Ideengeber«. Kurz gesagt, kleine Tyrannen finden sich selten in der Position, Ihnen das Leben zu ruinieren, nutzen ihre begrenzte Autorität aber oft, um es Ihnen schwer zu machen (und sich selbst als bedeutender zu empfinden).

Und nur weil Sie der Boss sind, bedeutet das nicht, dass Sie mehr Macht als Ihre Untergebenen haben. Ein altgedienter CEO aus dem Silicion Valley schrieb mir von einer Lektion über die Gefahren, die von doppelgesichtigen und sozial versierten Untergebenen ausgehen, die er auf die harte Tour lernen musste. Dieser CEO legt großen Wert darauf, Mitarbeiter einzustellen und zu fördern, die »freimütig und geradeheraus« sind, ihn mit Fakten und eigenen Meinungen über Probleme konfrontieren, nicht zögern, seine Schlussfolgerungen zu kritisieren, und ihm sagen, wenn er mit Leuten zu hart (oder zu nachgiebig) umgeht. Solange die Mitarbeiter nicht selbstsüchtig oder durchgeknallt sind, hat er, betont er, kein Problem damit, wenn es bei solchen Gesprächen auch mal hitzig zugeht. Seiner Überzeugung nach lassen sich Probleme viel einfacher lösen, wenn die Fakten und die damit einhergehenden Gefühle offen auf den Tisch gelegt werden – gegenseitiger Respekt und die Bereitschaft für aufrichtige Entschuldigungen, nachdem sich der Pulverdampf wieder verzogen hat, vorausgesetzt. Die schlimmsten Mitarbeiter für ihn sind »grinsende Wichser«, Leute, die lächeln, schmeicheln und zustimmend nicken und ihm und dem Unternehmen anschließend einen Dolch in den Rücken stoßen.

Solche janusköpfigen Schleimer tragen ganz bestimmte Merkmale. Sie tun so, als stünden sie voll und ganz hinter jeder Entscheidung, die Sie treffen, oder jeder Idee, die Sie vorschlagen, aber statt Ihnen zu sagen, wenn sie anderer Meinung sind, setzen sie die Vorschläge einfach nicht um, tun genau das Gegenteil davon oder führen die Entscheidungen oder Ideen so miserabel aus, dass ein Scheitern vorprogrammiert ist. Danach reden sie hinter Ihrem Rücken schlecht über Sie und über Ihre miesen Entscheidungen und Ideen.

6. Wie sehr leiden Sie wirklich? Unabhängig davon, wie Sie die anderen Fragen zum »Arschloch-Assessment« beantwortet haben, ist das die Frage, auf die es wirklich ankommt. Wird man von herablassenden Kunden, Kollegen, Vorgesetzten, Trainern, Lehrern, Studenten oder Wildfremden beleidigt oder herabgesetzt, ist das niemals lustig. Wenn aber das Leid, das sie bei Ihnen oder anderen verursachen, eher gering ist, könnten Sie vergleichsweise simple und zurückhaltende Schutzmaßnahmen ergreifen, doch es besteht keine unmittelbare Notwendigkeit für umfassende oder extreme Schritte. Wenn andererseits Sie oder andere krank werden, sich massiv unter Druck gesetzt fühlen, Ihre Arbeit leidet oder Sie über eine Kündigung nachdenken, ist es an der Zeit für raschere und drastischere Maßnahmen.

Sie erinnern sich, für einen echten Arschloch-Notfall reicht schon ein einziger übler Widerling aus. Wie bei der Supervisorin, die mir schrieb, dass sie wegen der massiven Beleidigungen und politischen Intrigen einer Angestellten ihrer Abteilung unter permanenten Kopfschmerzen, Magenbeschwerden und Schlaflosigkeit litt. Dann wieder könnten Sie zu den Leuten gehören, denen es wenig bis gar nichts ausmacht, inmitten eines Haufens von Drecksäcken zu arbeiten – vielleicht weil Sie eine besonders dicke Haut haben oder das Ziel, auf das Sie hinarbeiten, so wichtig ist, dass Sie die Gemeinheiten einfach nicht an sich heranlassen.

Ich vermute, beide Abwehrstrategien halfen meiner Bekannten Becky Margiotta durch ihre Zeit als »Plebs« beziehungsweise »Kadettin vierter Klasse« an der prestigeträchtigen US-Militärakademie West Point vor rund 20 Jahren. In ihrem ersten Jahr an der Akademie müssen die Plebs rund um die Uhr perfekt funktionieren: Schnellmärsche mit 180 Schritten pro Minute absolvieren, jeden Vorgesetzten korrekt grüßen, eine ellenlange Liste niederer Dienste bis zur absoluten Perfektion verrichten, ihre Zimmer blitzblank putzen, an 20 Wochenstunden Seminare besuchen, an allen Sportübungen teilnehmen und dabei stets die militärische Etikette einhalten und niemals Emotionen zeigen – ganz egal, wie sehr sie von höherrangigen Kadetten angebrüllt, beleidigt oder erniedrigt werden. Wenn Plebs einen echten oder eingebildeten Fehler begehen (was ständig vorkommt), ist es nicht unüblich, dass einer oder mehrere höherrangige Kadetten sie gnadenlos anprangern und verspotten.

Beurteilt man Beckys Situation als Plebs nach den oben

aufgelisteten Arschloch-Bewertungsfragen, sah ihre Lage ziemlich düster aus. Die Schikanen dauerten Beckys gesamtes erstes Jahr hindurch an. Tag um Tag putzen die höhergestellten Kadetten sie nach allen Regeln der Kunst herunter, der Missbrauch verlief systematisch, und sie verfügte über keinerlei Macht. Doch statt sich von den Misshandlungen fertigmachen zu lassen, konzentrierte sie sich darauf, wie kreativ und ausdauernd ihre Folterknechte waren. Wie ich in Kapitel 5 zu »Kognitive Tricks zum Schutz Ihrer Seele« detaillierter darlegen werde, half diese Art der kognitiven »Umdeutung« Becky, ihr erstes Jahr in West Point zu überleben und daran zu wachsen. Nach ihrer Ausbildung machte sie erfolgreich ihren Weg im Militär, unter anderem als Special-Operations-Offizierin.

Seien Sie zuversichtlich, aber nicht siegesgewiss

Ich habe Sie ermahnt, sich vor vorschnellen Urteilen über Arschlöcher zu hüten, und ich habe Sie vor den Gefahren eines übersteigerten Selbstvertrauens gewarnt. Der CEO, der »grinsende Wichser« verachtete, bediente sich eines der wirksamsten Gegengifte gegen solche Selbsttäuschungen. Er rekrutierte und umgab sich mit Leuten, von denen er sicher war, dass sie ihm die Wahrheit (und nicht etwa das, was er ihrer Meinung nach hören wollte) über den Ernst und die Nuancen der Herausforderungen sagten, denen er und das Unternehmen gegenüberstanden – und darüber, wenn er Mist baute. Es ist ratsam, und hier entleihe ich eine Lektion aus Adam Grants Beststeller *Geben und Nehmen,* die Arschloch-Überlebensproblematik nicht als eine Einbahnstraße zu betrachten – sondern als ein Geben und Nehmen, eine Situation, in der Sie um Hilfe bitten und im Gegenzug Hilfe anbieten.[17] Wer Betroffenen unter Beschuss und den Zeugen dabei hilft, die Tyrannen einzuschätzen und mit ihnen zurechtzukommen, tut damit nicht nur Gutes; er übt sich auch darin, die Boshaftigkeit und Unhöflichkeit in seinem eigenen Leben besser auszuhalten und zu bekämpfen. Ihre Verbündeten werden sich in aller Regel verpflichtet fühlen, den Gefallen später zu erwidern, und werden Sie unterstützen, schützen und für Sie kämpfen. Und Sie werden von ihnen lernen, Ihre eigenen Arschloch-Probleme besser handzuhaben. Es ist einfacher – und weniger schmerzhaft –, nicht jeden Fehler selbst zu begehen, egal, wie viel man daraus lernen kann. Mit den Worten einer Eleanor Roosevelt zugeschriebenen Weisheit: »Lernen Sie aus den Fehlern anderer. Wir leben nicht lange genug, um sie alle selbst zu begehen.«

Eine Zeile aus *Saving Grace* des Rockstars Tom Petty fasst treffend zusammen, wie man den Mittelweg findet zwischen leichtfertigem Aktionismus und lähmendem Zweifel: »*You're confident but not really sure*« – »Du bist zuversichtlich, aber nicht siegesgewiss«. Ebendas ist es, was der Organisationspsychologe (und mein intellektueller Held) Karl Weick unter Weisheit versteht. Weise Menschen zeichnet, so Weick, »der Mut aus, nach ihrem Glauben und ihren Überzeugungen zu handeln, zugleich aber auch die Demut zu erkennen, dass sie falschliegen könnten und stets bereit sein müssen, ihre Überzeugungen und Handlungen zu verändern, wenn sie neue Informationen erhalten«.

Nehmen Sie sich also etwas Zeit, um herauszufinden, wie schlimm Ihre Lage wirklich ist und was Sie dagegen unternehmen können. Und legen Sie dann mit aller Kraft los. Aber halten Sie immer Ausschau nach kleinen Details, die nicht funktionieren – und nach Anzeichen dafür, dass Ihre Strategie insgesamt falsch ist und gründlich überarbeitet oder ganz aufgegeben werden muss. Das ist die Art Weisheit, von der Tom Petty und Karl Weick sprechen.

3 Einen klaren Schnitt machen

Ich glaube ans Aufgeben.

Der legendäre amerikanische Footballcoach Vince Lombardi lag falsch, als er einmal sagte: »Sieger geben nie auf, und wer aufgibt, gewinnt nie.«

Nehmen wir den Fall der Supermarktkassiererin Misty Shelsky. Sie schmiss den Bettel hin, als William Ernst, Eigentümer der QC-Mart-Kette in Iowa, »einen Preis von zehn Dollar für Mitarbeiter auslobte, die errieten, wer von ihnen als Nächstes gefeuert würde«. Shelsky und mehrere Kollegen reichten ihre Kündigung ein, als ihnen aufging, dass das Memo zu dem Wettbewerb kein Witz war. »Das war unglaublich erniedrigend«, erklärte sie gegenüber einem Reporter des *Des Moines Register* im Oktober 2011. »Wir schauten das Memo an, dann schauten wir einander an und sagten: ›O. K., das war's!‹.« Andere QC-Mart-Mitarbeiter blieben, schrieben aber geharnischte Beschwerdebriefe ans Management. Als Shelsky anschließend Arbeitslosenleistungen beantragte, legte QC-Chef Ernst Widerspruch ein, da sie ja selbst gekündigt habe und nicht gefeuert worden sei. Richterin Susan Ackerman, auf deren Tisch der Fall landete, bestätigte Shelskys Anspruch auf die Leistungen, da Ernst »ein feindseliges Arbeitsumfeld hergestellt« hatte und verurteilte den Wettbewerb als »ungeheuerlich und verachtenswert«.

Wenn man unter einem amtlichen Arschloch leidet oder sich an einem Ort befindet, wo Widerlinge das Sagen haben, kann es eine unglaubliche Erleichterung sein, einfach die Flucht zu ergreifen. Es kann Ihnen zudem kurze, aber umso heftigere Zusammenstöße ersparen. Wie unzählige Untersuchungen belegen, entfernen sich viele Menschen, die fiesen Attacken ausgesetzt sind oder diese auch nur beobachten, anschließend vom Ort des Vorfalls und meiden diesen auch in Zukunft. Der Soziologe Philip Smith und seine Kollegen von der Yale University etwa haben in einer Studie zu übergriffigen Fremden festgestellt, dass über 50 Prozent der 585 von ihnen befragten Opfer mit einer »Exit-Strategie« reagierten – sprich sie schauten oder gingen weg, wenn ein Unbekannter sie anrempelte oder anstieß, anbrüllte, anspuckte, verfolgte oder auf andere Weise belästigte.[1]

Wenn »der Kunde unrecht hat« und Servicemitarbeiter wie Dreck behandelt, dann reagieren diese, wie Dana Yagil von der Universität Haifa zeigen konnte, aus Furcht, auch in Zukunft immer wieder misshandelt zu werden, mit vermehrten Krankmeldungen bis hin zur Kündigung.[2] Auch gemeine Chefs und Kollegen lassen Mitarbeiter und Kunden das Weite suchen. Bennett Tepper verfolgte für seine Studie die Spuren von 712 Mitarbeitern einer mittelgroßen Stadt im Mittleren Westen der USA: Diejenigen mit gehässigen Vorgesetzten kündigten überdurchschnittlich häufig von sich aus.[3] Forscher der Georgetown University ermittelten, dass Kunden, die miterleben, wie Mitarbeiter Kollegen »taktlos« behandeln, eher wütend auf das Unternehmen sind, häufiger schlecht darüber reden und ihr Geld woandershin tragen.[4]

Allerdings kann man nur von einer NEIGUNG zur Flucht vor Idioten sprechen. Viele Leute können oder wollen sich nicht davonmachen. Manche stecken schlicht fest. Sobald sich die Tür der S-Bahn, des Flugzeugs oder des Busses hinter einem schließt und man keine Möglichkeit mehr hat, seinen Platz zu wechseln, ist man für den Rest der Reise einem zufällig in der Nähe sitzenden Drecksack ausgeliefert. Oder Sie stecken in einem miesen Job oder einem verseuchten Arbeitsumfeld fest: Die Mitarbeiter in Teppers Studie, die festsaßen – die trotz fieser Vorgesetzter nicht kündigten, weil sie keine andere Arbeit finden konnten –, waren weniger zufrieden mit ihren Jobs und häufiger deprimiert; darüber hinaus litten sie vermehrt unter emotionalen Erschöpfungszuständen und Konflikten zwischen Arbeit und Familie.

Leute, die gehen könnten, das aber nicht tun, haben dafür häufig gute Gründe. Vielleicht ist der Schaden noch nicht groß genug, um andere Optionen attraktiver erscheinen zu lassen. Manche Leute finden ihre Situation zwar unerträglich, glauben aber, dass das, was sie machen, so wichtig und auf andere Weise so erfüllend ist, dass sie es einfach über sich ergehen lassen. Andere meinen, sie müssten bleiben und diejenigen schützen, die dem oder den Tyrannen am wenigsten entgegenzusetzen haben; sie verwandeln sich sozusagen in »menschliche Schutzschilde«, und sind stolz darauf, stellvertretend für die schwächeren Opfer den Kopf hinzuhalten. Und dann gibt es noch diejenigen, die bleiben, weil sie entschlossen sind, ihre Quälgeister zu bekämpfen und zu besiegen.

Diejenigen, die nicht gehen können oder wollen, werden ganz besonders profitieren von den in Kapitel 4 vorgestellten Taktiken zur Arschloch-Vermeidung, den kognitiven Tricks zum Schutz der Seele in Kapitel 5 und den in Kapitel 6 erläuterten Methoden, wie man sich am besten gegen Despoten wehrt. Leider neigen allzu viele Menschen mit schwerwiegenden Arschloch-Problemen, die sich absetzen könnten und sollten, zur Selbsttäuschung. Sie reden sich ein, die Zustände seien ja gar nicht *so* schlimm oder sie seien gefangen, obwohl sie das gar nicht sind – und verurteilen dadurch sich selbst und alle, die sie mit in ihr Elend hinunterziehen, dazu, die Scheiße, in der sie feststecken, weitaus länger zu erdulden, als das notwendig wäre.

Arschloch-Blindheit

Die Geschichte des Marketingmanagers aus dem letzten Kapitel, der sieben Jahre in der »Ar$chloch-Firma« ausharrte, ist leider alles andere als die Ausnahme. Der Mann brauchte viel zu lange, bis er erkannte, wie dreckig es ihm ging, dass ihm bessere Optionen offenstanden, und einfach ruck, zuck zu kündigen.

Ich habe viele Hundert Geschichten dieser Art gehört. Ein IT-Experte schrieb mir von seiner Chefin, »einem eiskalten Arschloch voller unterdrückter Wut«. Acht schwere Jahre lang hatte er gekämpft, um es ihr irgendwie recht zu machen und sich vor ihr zu schützen. Sein Martyrium fügt der Problematik einen weiteren beunruhigenden Aspekt hinzu: Wenn Sie zu lange warten, könnten sich die Exit-Optionen, die Sie anfangs noch hatten, in Luft aufgelöst haben. Nicht, dass seine Chefin Mitarbeiter beleidigt oder Wutausbrüche gehabt hätte. Vielmehr, sagte er, »war sie von einer harten, kalten Wut erfüllt und hatte die eisigsten Augen, die ich je gesehen habe«. Dieses ganz spezielle Chef-Arschloch war in höchstem Maße misstrauisch und argwöhnte hinter jedem Fehler böse Absicht, zeigte keinerlei Empathie, »weder auf der praktischen noch auf der emotionalen Ebene«, und gab in den ganzen acht Jahren nicht ein einziges Mal zu, dass sie einen Fehler gemacht hatte. Wann immer er bei einem Projekt die Initiative ergriff, reagierte sie mit »ärgerlicher Kritik«, tat er das nicht, hielt sie ihm Untätigkeit vor und erzeugte so eine klassische Catch-22-Situation. Als der arme Kerl 2015 schließlich aufgab und kündigte, fiel es ihm sehr schwer, einen neuen Job zu finden, weil er kein gutes Arbeitszeugnis vorlegen konnte – was er in den ersten paar Jahren durchaus noch hätte bekommen können. Heute bereut er, dass er nicht früher die Reißleine gezogen hat, fragt sich, ob er sich nicht in den höheren Etagen über sie hätte beschweren sollen, und schämt sich dafür, »ihre Scheiße so lange hingenommen zu haben«.

Weder er noch irgendjemand sonst sollte sich Vorwürfe machen, weil er oder sie sich allzu lange mit diesem überflüssigen Mist abgefunden hat – wenn sich jemand Vorwürfe machen sollte, dann die Täter. Und doch ist seine Geschichte lehrreich. Der IT-Mitarbeiter litt unter, wie ich das nenne, »Arschloch-Blindheit«, einem Zustand, in dem die Betroffenen nicht oder nicht ausreichend erkennen, wie verheerend ihr Arschloch-Problem ist, wie sehr sie und vielleicht auch andere darunter leiden und wie wichtig es ist, möglichst schnell Land zu gewinnen.

Arschloch-Blindheit wird durch eine Links-rechts-Kombination von *Gewöhnung* und *falschen Rechtfertigungen* begünstigt. Man kann einen Mobber, einen Schwätzer oder einen kaltherzigen Kotzbrocken – oder gleich das ganze Pack – mit einem üblen Geruch vergleichen. Anfangs stört und stößt der Gestank einen ab. Aber nach einer Weile gewöhnt man sich daran und nimmt ihn gar nicht mehr wahr oder stört sich nicht mehr allzu sehr daran (wenn denn überhaupt). Dabei handelt es sich um den Gewöhnungseffekt, und ebendem scheint der Manager in der »Ar$ch-loch-Firma« aus Kapitel 2 zum Opfer gefallen zu sein. Alle waren so fies, es ging ihm so schlecht, und um ihn herum herrschte so lange Zeit so viel Verdruss, dass ihm die unerträgliche Situation irgendwann völlig normal erschien und er gar nicht mehr groß darüber nachdachte.

Vor allem dort aber, wo die Arschloch-Probleme massiv

sind und die Despoten ihr schmutziges Handwerk auf vielfältigste Weise praktizieren, ist es schwer, sie völlig auszublenden. Also täuschen die Leute sich selbst (und manchmal auch andere) mithilfe von Halbwahrheiten und Lügen, die sie davon abhalten zu erkennen, wie beschissen ihre Lage in Wahrheit ist, wie lange das schon so geht und wie lange das noch so weitergehen wird oder wie viel Schaden das anrichtet. Ein wichtiger Grund, warum wir zu solchen Selbsttäuschungen neigen, geht auf etwas zurück, das in der wissenschaftlichen Fachsprache unter »Bindungseskalation« beziehungsweise »Trugschluss der irreversiblen Kosten« firmiert. Einfacher gesagt, Sie wissen, dass die Dinge schlecht laufen, aber weil Sie schon so viel Zeit und Mühe dafür aufgewandt haben, werden Sie, wie ich schon in *Der Arschloch-Faktor* erklärt habe, vom »Zu-viel-investiert-um-aufzuhören-Syndrom« befallen. Dieses Syndrom befeuert verzerrte Wahrnehmungen und selbstzerstörerisches Verhalten, weil wir dazu neigen, »die Mühe, das Leid und die vielen Jahre, die wir einer Sache widmeten, vor uns selbst und anderen gegenüber damit zu rechtfertigen, dass etwas daran bedeutsam und wichtig ist, sonst hätten wir doch nie und nimmer so viel Lebenszeit investiert«.[5]

Erinnern wir uns an den Manager in der »Ar$chloch-Firma« und den IT-Experten, die für selbstsüchtige, tyrannische Bosse schufteten. Mit jeder Woche, jedem Monat und jedem weiteren Jahr stieg der Druck auf sie, vor sich selbst zu rechtfertigen, warum sie sich freiwillig dieser entwürdigenden Situation aussetzten – Rechtfertigungen, die dazu führten, dass sie weiter dabeiblieben und sich immer neue Gründe ausdachten, warum sie weiter leiden sollten, statt ihre Verluste abzuschreiben und ihre lausigen Jobs zu kündigen. Und solche Eskalationsdynamiken können sehr schnell einsetzen – schon wenn man, wie Experimente von Psychologen und Ökonomen belegen, sich vor anderen zu einer bestimmen Sache bekennt und nur ein paar Minuten intensiv daran arbeitet, tut man sich schwer, sich von einer Entscheidung, einer Überzeugung oder einer Gruppe wieder zu distanzieren.

Hier lohnt ein Blick in meine Liste der Rechtfertigungen, die Arschloch-Blindheit befeuern, die »Zehn Lügen, die wir uns selbst erzählen«. Dabei handelt es sich um weitverbreitete Rationalisierungen, die wir bemühen, um zu begründen, warum wir keinen klaren Schnitt machen. Manche dieser Rechtfertigungen sind klug und wahr. Doch allzu oft handelt es sich dabei um ausgemachten Mist, Halbwahrheiten und Lügen, mit denen wir uns selbst hinters Licht führen. Wie auch der Angestellte in einer Versicherungsgesellschaft, der mir Folgendes schrieb: »Ich bin sechs Jahre lang wie Dreck behandelt worden und hätte tun sollen, was Sie sagen, und so schnell wie möglich die Flucht ergreifen. Aber man richtet sich ein damit, schlecht behandelt zu werden, und gewöhnt sich daran. Manchmal redet man sich sogar ein, man könne das hinterhältige Verhalten des Drecksacks durch das eigene Verhalten erfolgreich lenken. Lachhaft, ich weiß. Ich habe alles durchgemacht, was Sie angeführt haben, einschließlich Depressionen, Angstzuständen und schlicht und einfach Unzufriedenheit.«

Haben Sie sich wie dieser Angestellte in einer Traumwelt eingerichtet? Oder beschreiben einige der unten aufgeführten »zehn Lügen«, wie Sie und die Leute um Sie herum versuchen, sich Ihre Lage schönzureden, warum Sie eine unerträgliche Situation nicht verlassen (oder noch nicht einmal die Möglichkeit in Erwägung ziehen)?

Arschloch-Blindheit

Zehn Lügen, die wir uns selbst erzählen

1. Verleugnung der Gegenwart: »So schlimm ist es doch gar nicht.«

In Wahrheit ist die Lage verheerend – Sie haben sich in einer Traumwelt eingerichtet.

2. Eingebildete Verbesserung: »Es ist schon viel besser geworden.«

Wunschdenken in Reinkultur; die Kacke ist wie eh und je oder sogar schlimmer denn je am Dampfen.

3. Falsche Hoffnungen: »Es wird sich bald alles zum Besseren wenden.«

Sie hoffen weiter – schließlich sind Sie ja ein Optimist. Aber die schönere Zukunft, von der Sie träumen und auf die Sie hoffen, kommt und kommt einfach nicht. Und alles spricht dafür, dass sie das auch nie tun wird.

4. Der perfekte Moment kommt nie: »Ich werde mich nach etwas Besserem umschauen, sobald ich diese eine wichtige Sache abgeschlossen habe.«

Aber dann kommt noch eine Sache und noch eine und nochmals eine. Das Leben ist chaotisch. Wenn Sie die Angelegenheit mit einer hübschen Schleife verzieren und auf den perfekten Moment für Ihren Abgang warten möchten, werden Sie unter Umständen ewig warten.

5. Das Gute überwiegt das Schlechte: »Ich lerne doch so viel und knüpfe so tolle Kontakte, dass es die schlechte Behandlung wert ist.«

Aber ist der Schaden, den Sie und andere erleiden, es wirklich wert? Und haben Sie nicht Angst, selbst zu einem Arschloch zu mutieren (oder sind es vielleicht bereits schon?)

6. Das »Retter-Syndrom«: »Nur ich kann die Dinge in Ordnung bringen. Ich bin unersetzlich.«
Nun, wenn dem wirklich so ist, warum liegt dann überhaupt alles im Argen? Könnte es sein, dass Sie nicht nur leiden, sondern auch keine Macht haben, an der Lage etwas zu ändern? Oder dass Sie unfreiwillig das Arschloch-Problem nur noch verschlimmern und jemand anderes eher fähig wäre, es zu lösen?

7. Ich bin keine Memme: »Klar, es ist beschissen. Aber ich bin hart im Nehmen. Mir macht das nichts aus.«
Hmm. Ich frage mich, ob die Menschen in Ihrem Umfeld das ebenso sehen.

8. Ich kann es an- und abschalten: »Klar, es ist beschissen. Aber ich kann mich gut abgrenzen, und deshalb wirkt sich das auch nicht groß auf meine Freunde und meine Familie aus.«
Was wohl Ihre Freunde und Ihre Familie hinter Ihrem Rücken darüber sagen?

9. Selbstgerechtes Leiden: »Klar bin ich übel dran. Aber anderen ergeht es noch viel schlimmer. Ich habe kein Recht, mich zu beschweren.«
Schlimmer geht immer. Märtyrertum ist eine lausige Ausrede dafür, sich mit einer schrecklichen Situation abzufinden.

10. Das »Vom-Regen-in-die-Traufe-Syndrom«: »Ja, hier ist es beschissen, aber woanders wäre ich noch viel schlechter dran.«
Natürlich ist kein Ort oder Job perfekt. Und vielleicht wäre es woanders ja wirklich noch schlimmer. Aber haben Sie Ihre Alternativen wirklich gründlich geprüft? Für mich klingt das nach einer lahmen Ausrede.

Dazu gleich noch ein warnendes Beispiel. Ein Polizeibeamter aus dem Mittleren Westen schrieb mir, wie er sich mit der Erniedrigung und Ächtung in demselben Polizeirevier abfand, in dem er früher großen Respekt genossen und Erfolg gehabt hatte. Nachdem er dort angefangen hatte, war er vom Streifendienst zum Sergeant, zum Lieutenant und schließlich zum stellvertretenden Dienststellenleiter befördert worden und hatte stets glänzende Leistungsbewertungen erhalten. Dann wurde ein neuer Stadtdirektor ins Amt gewählt, und innerhalb eines halben Jahres sah er sich zuerst wieder zum Sergeant und schließlich zum Streifenbeamten degradiert. Warum er degradiert und andere befördert worden waren, begründete der Stadtdirektor folgendermaßen: »Ja, Sie machen den Job gut, aber ich will Leute, die Arschlöcher sind.« Dem Polizisten standen andere Optionen offen, aber er entschied sich dafür, die andauernden Herabsetzungen und Demütigungen, darunter Dinge wie »soziale Isolation« und die »Schweigemauer«, zu ertragen. Seinen Abschied nahm er erst, als die Stadt sein Gehalt um fast die Hälfte kürzte und ihm alle Vorteile aberkannte, die ihm aufgrund seiner Dienstzeitdauer zustanden, nachdem er sich ein Jahr für den Militärdienst in Afghanistan hatte freistellen lassen (er war als Angehöriger der Nationalgarde einberufen worden). Er kündigte und ging zum Anwalt.

Nun hatte der Mann gewusst, wie sehr sich seine Situation über die Jahre hinweg verschlechtert hatte, bevor er nach Afghanistan ging – und hatte auch mehrmals die Möglichkeit, sich in andere Polizeireviere versetzen zu lassen. Er tat dies nicht, weil er zwei der Selbsttäuschungen aus meiner Liste zum Opfer fiel. Er redete sich ein, die Dinge wären doch gar nicht so schlecht, und ging davon aus, dass sich alles bald wieder zum Besseren wenden würde – obwohl er regelrecht unter Belagerung stand und sich die Lage immer weiter zuspitzte. Und er war stolz auf das dicke Fell, das er sich in über zwanzig Jahren als US-Marine und Nationalgardist zugelegt hatte. Sosehr das eine bewunderungswürdige Eigenschaft für einen Soldaten oder Polizisten sein mag, in seinem Fall erwies sie sich als ein zweischneidiges Schwert und lieferte ihm mit seinem »Ich bin doch keine Memme«-Denken einen weiteren Vorwand, bei der Stange zu bleiben.

Ein cooler Abgang

Die »Steck dir diesen Job sonst wohin«-Geschichte über den Jetblue-Flugbegleiter Steven Slater gehört zu den Klassikern des Genres. Slater hatte allen Grund, auf eine bestimmte Passagierin sauer und auch sonst mit seinem Job unzufrieden zu sein.

Wie der *Guardian* berichtete, war Slater vor dem Start eines Jetblue-Flugs von Pittsburgh nach New York am 2. August 2010 in »einen Streit zwischen zwei Passagierinnen über den Platz in den Gepäckfächern hineingezogen worden«. Dabei war er durch ein Versehen so heftig von einem Gepäckstück getroffen worden, dass man ihm einen Verband anlegen musste. Dann, nach der Landung in New York, geriet eine der Frauen, die ihre Tasche statt ins Gepäckfach zu legen hatte einchecken müssen, in Rage, weil sie die Tasche »nicht sofort bei sich haben konnte«, und beschimpfte und beleidigte Slater.

Slater, der die Schnauze voll hatte, riss der Geduldsfaden. Er packte das Bordmikrofon und zog laut über die Passagierin her. Dann schnappte er sich zwei Bierflaschen, aktivierte den Notausstieg und rutschte nach draußen aufs Rollfeld. Hinterher wurde Slater in Talkshows gefeiert und hatte auf einmal über 20 000 Fans auf Facebook. Allerdings hatte er mit seinem Abgang, wie der *Guardian* ebenfalls berichtete, einen Schaden von 25 000 US-Dollar am Flugzeug angerichtet und für Flugverspätungen gesorgt. Abgesehen davon, dass er seinen Job los war, wurde Slater später wegen Sachbeschädigung zu einem Jahr auf Bewährung und einer Rückzahlung von 10 000 Dollar an Jetblue verurteilt. Bei der Verhandlung entschuldigte sich Slater für sein Verhalten und erklärte, dass seine Mutter an einer tödlichen Krankheit leide, sein Vater vor Kurzem gestorben sei und er selbst mit schweren Gesundheitsproblemen, unter anderem HIV, zu kämpfen habe und er dem Druck einfach nicht mehr gewachsen gewesen sei.

Ihre Optionen, Ihre Risikofreude

Ja, Sie sollten versuchen, Arschlöchern aus dem Weg zu gehen, aber machen Sie sich deswegen nicht zum Deppen. Rückblickend betrachtet war Steven Slaters Viertelstunde des Ruhms für ihn wohl ein Minusgeschäft. Sich in Fantasien über dramatische Abgänge oder ausgeklügelte Racheszenarien zu ergehen mag Spaß machen und der Seele guttun – aber wer sie in die Tat umsetzt, könnte sich selbst mehr Schaden zufügen als seinen Peinigern. Allerdings kann es sehr schwer sein, der Versuchung zu widerstehen. Wenn Leute das Gefühl haben, wie der letzte Dreck behandelt zu werden, verspüren sie häufig den brennenden Wunsch, ihren Abgang mit einem Paukenschlag oder einer letzten großen Geste zu inszenieren.

Ebendas legen die Studien von Anthony Klotz und Mark Bolino nahe.[6] Die beiden amerikanischen Psychologen haben die meines Wissens nach umfangreichste Untersuchung zu unterschiedlichen »Kündigungsstilen« durchgeführt. 15 Prozent aller Fälle, so fanden sie heraus, entfielen auf »Alle Brücken hinter sich einreißen« und »Impulsives Kündigen« – während 70 Prozent der Kündigungen auf weniger dramatische oder zivilisiertere Weise vonstattengingen. Mitarbeiter aber, die sich unfair behandelt fühlten, einen tyrannischen Vorgesetzten hatten oder ihre Kollegen nicht ausstehen konnten, verfielen überdurchschnittlich häufig auf impulsive oder aggressive Kündigungsstile. Und wie nicht anders zu erwarten, lösten das Einreißen aller Brücken und die spontanen Kündigungen negative Reaktionen bei den Vorgesetzten aus.

Wer stocksauer ist auf seine fiese Firma, seine Vorgesetzten oder Kollegen, fühlt sich wahrscheinlich eher versucht, einen schnellen und dramatischen Abgang hinzulegen. Das ist verständlich, *aber mit großer Vorsicht zu genießen:* Solche Impulse können gefährlich sein, weil man, wenn man danach handelt, damit unter Umständen ein paar mächtige und ziemlich nachtragende Leute gegen sich aufbringt, die einen früher oder später dafür büßen lassen. Wenn jemand droht, Knall auf Fall und/oder auf eine Art und Weise zu kündigen, mit der er alle Brücken hinter sich einreißt (wenn auch vielleicht nicht auf so dramatische Weise, wie Steven Slater das tat), dann lautet meine erste Frage: »Welche Optionen haben Sie sonst noch?« Und meine zweite: »Welche Risiken sind Sie bereit einzugehen?«

Ich will das am Fall einer jungen Juristin illustrieren, die ein Jahr eines zweijährigen Referendariats bei einem US-Bundesrichter absolviert hatte und mir gegenüber erklärte, warum sie nach Rücksprache mit ihren Betreuern an der Universität beschlossen hatte, trotz der dort herrschenden unsäglichen Zustände die Sache durchzuziehen. Referendariate an Bundesgerichten sind bei jungen Juristen in den USA sehr begehrt – die Tätigkeit umfasst alles vom »Ghostwriting von Kommentaren zu Urteilen bis hin zu Kaffeekochen und Faxversand für den Richter«. Im Jahr zuvor hatte sie eine ähnliche Position bei einem wunderbaren Richter und mit ebensolchen Kollegen gehabt, doch jetzt war alles anders. »Ich habe zwei Mitreferendare, die sich gegenseitig (und mich) bei jeder sich bietenden Gelegenheit anbrüllen und niedermachen«, sagte sie. Ganz nach dem Vorbild des Richters, der »in einem fort herumtobt« und das schon beim geringsten Anlass, etwa »wenn die Flasche für den Wasserspender zu spät oder eine falsche Flasche geliefert wird«. »Meine Kollegen«, fügte sie hinzu, »sind wahrscheinlich depressiv, was nur zu verständlich wäre. Einer von ihnen flippt regelrecht aus und knallt sein Telefon mit voller Wucht auf den Tisch, wenn ihn etwas aufregt.«

Doch die Anwältin kam zu dem Schluss, dass eine Kündigung sogar noch schlimmer sei, als das Referendariat durchzuziehen: Sie muss einen »hohen« Studienkredit abzahlen, und eine Kündigung wäre gleichbedeutend mit einem »Karrieresuizid« – künftige Arbeitgeber würden sie als »beschädigte Ware« betrachten. Meine erste Reaktion auf ihre Entscheidung, in der Jauchegrube zu bleiben, in der sie zwölf Stunden pro Tag und an den meisten Wochenenden saß, war, dass sie kündigen, vielleicht sogar einen Steven Slater geben sollte. Doch als sie mir ihre Schuldensituation und die karriereschädlichen Folgen einer Kündigung auseinandersetzte, konnte ich nicht anders, als ihre Entscheidung zu respektieren und sie darin zu unterstützen. Sie hatte einfach keine andere Wahl. Und zumindest wusste sie, dass mit jedem Tag, der verging, das Ende ihrer zweijährigen »Haftzeit« näher rückte. Eine andere Anwältin schrieb mir, dass sie endlich der »furchtbaren Stelle, die mir die Seele aus dem Leib riss und mich elend fühlen ließ«, entkommen war, ihre eigene Kanzlei gegründet hatte und es ihr besser denn je ging. Und obwohl ich generell davor warne, bei einer Kündigung alle Brücken hinter sich einzureißen, musste ich doch grinsen, als ich erfuhr, dass sie ihr Kündigungsschreiben in eine Ausgabe von *Der Arschloch-Faktor* gelegt und das Buch ihrem tyrannischen und herzlosen Vorgesetzten auf den Tisch geworfen hatte.

Wenn man, wie die Untersuchungen zu Basketballtrainern in Kapitel 2 nahelegen, als Hitzkopf bekannt ist, wird es wahrscheinlich kaum jemand überraschen oder aufstoßen, wenn man Knall auf Fall den Krempel hinschmeißt. Gelten Sie aber als ausgeglichener und fröhlicher Zeitgenosse und gehen unter einer wilden Attacke, könnten Ihre Kollegen Ihren unerwarteten Ausbruch als Zeichen dafür ansehen, dass etwas in Ihrer Abteilung oder Ihrem Unternehmen ganz und gar nicht in Ordnung ist – und Sie auf diese Weise ein oder zwei lokale Arschlöcher mit in den Abgrund reißen. Allerdings ist diese »Kamikaze-Methode« riskant. Falls Sie sich dafür entscheiden, sollten Sie Ihre Optionen klar durchdacht haben und darauf vorbereitet sein, dass die Betroffenen schlecht über Sie reden und versuchen werden, es Ihnen irgendwie heimzuzahlen.

Aber manchmal funktioniert es, wie im Fall des Ingenieurs, der mir in einer E-Mail erzählte, wie er die »Ich kündige und nehm dich mit-Methode« mit Erfolg gegen seine Arschloch-Vorgesetzte anwendete. Bevor der eigentlich zurückhaltende Ingenieur seine Chefin vor versammelter Mannschaft abkanzelte, hatte er ihre unablässigen Übergriffe sorgfältig dokumentiert (sie aber noch nicht mit dem Management geteilt). Schließlich legte er in einem hitzigen Meeting dem oberen Management dar, warum er kündigte, und »hielt ihnen vor, dass sie eine Mitschuld an der von dem Arschloch verschuldeten miesen Stimmung, der hohen Fluktuation und den schlechten Zahlen« trugen. Sein Wutausbruch erzielte die erhoffte Wirkung: »Zwei Stunden später musste meine Chefin ihren Hut nehmen. Inzwischen läuft es in der Abteilung viel besser, und sie fährt tatsächlich Gewinne ein, statt nur irgendwie zu versuchen, die Ausraster einer Verrückten in den Griff zu bekommen.«

Können Sie einfach gehen?

Ein Doktorand in Stanford erzählte mir, dass seine Frau und Kinder nur unter Protest mit zu den sonntäglichen Gottesdiensten seiner Kirche gingen, weil sie die dort unvermeidlichen Begegnungen mit einer Familie von Großkotzen und Tyrannen so sehr fürchteten. Dann wechselten sie zu einem zeitigeren Gottesdienst, den die schauderliche Familie niemals besuchte, und schon hörten die Frau des Studenten und die Kinder nicht nur auf, sich wegen der Kirchgänge zu beschweren, sondern kamen alle auch in viel besserer Stimmung von den Gottesdiensten zurück. Der Herr wirkt auf vielen Wegen.

Wenn wir schon bei Gebetsstätten sind, die Frau eines jüdischen Kantors in New York City schrieb mir, dass ihr Mann für einen furchtbaren Rabbi gearbeitet hatte. Doch dann gelang es ihrem Mann, an eine andere Synagoge in New York mit einem wundervollen Rabbi zu wechseln – und seitdem geht es nicht nur ihm viel besser, sondern auch ihr und den Kindern.

Wie Studien zu Managern und Führungskräften zeigen, ist es anstelle einer Kündigung oftmals die bessere Strategie, innerhalb derselben Organisation in eine neue Stelle, ein anderes Team oder eine andere Abteilung zu wechseln. Auch langjährige Untersuchungen von Gallup und jüngere Forschungen der »People Analytics«-Gruppe bei Google bestätigen die Faustregel, dass »die Leute nicht der Firma kündigen, sondern einem schlechten Chef«.[7] Egal, ob Sie für ein Unternehmen wie Google arbeiten, das auf der *Fortune*-Liste der »100 besten Arbeitgeber« regelmäßig an der Spitze landet, oder bei einem Unternehmen wie Express Scripts, Sears oder Xerox, die auf der Karriere-Website Glassdoor 2016 unter den zehn schlechtesten Arbeitgebern rangierten, es wird in Ihrem Unternehmen so oder so große Unterschiede zwischen den besten und schlechtesten Chefs und Teams geben. Und als Insider wissen Sie eher, wo im Unternehmen die gemeinen und wo die guten Leute sitzen.

Aus diesem Grund sorgen smarte Firmen wie Salesforce.com dafür, dass Mitarbeiter unternehmensintern problemlos wechseln können. Als mein Stanford-Kollege Huggy Rao 2012 die Salesforce-Geschäftsführer Chris Fry und Steve Green interviewte, erklärten sie, dass sie ihre Teams ermutigten, aktiv Ingenieure innerhalb des Unternehmens anzuwerben, und dass Ingenieure, die von einem Team in ein anderes wechseln wollten, dafür keine Freigabe von ihrem bisherigen Vorgesetzten benötigten. Pro Jahr, berichteten sie, wechselten rund 20 Prozent ihrer Ingenieure in ein anderes Team – und wenn ein Teamleiter immer wieder Mitglieder verliert und keine neuen rekrutieren kann, dann gilt das im oberen Management als ein Indiz dafür, dass er seine Leute nicht gut behandelt oder inkompetent ist – oder beides. Fry und Green arbeiten inzwischen nicht mehr für Salesforce, aber als wir Ende 2016 bei dem Unternehmen nachfragten, erfuhren wir, dass sich an der Politik nichts geändert hatte und der »interne Arbeitsmarkt« für die über 400 Teams von Salesforce viel dazu beiträgt, Leute im Unternehmen zu halten, die ansonsten zur Konkurrenz wechseln würden.

Oder nehmen wir die Stressstudie von Nathalie Louit-Martinod über französische Busfahrer. Die Fahrer, so fand ihr Team heraus, hatten mit überfüllten Bussen, Straßen voller rücksichtloser Autofahrer und Fußgängern und gemeinen Fahrgästen zu kämpfen, die sie beleidigten, sexuell belästigten und anspuckten. Außerdem wurden die Fahrer für Verspätungen gerügt und dafür, zu schnell oder zu langsam zu fahren. Wegen des Stresses kündigten einige Fahrer, doch viele blieben, teils weil sie wegen langer Betriebszugehörigkeit die Möglichkeit hatten, den Druck zu reduzieren, etwa indem sie sich auf weniger stark frequentierte Routen oder in Gebiete versetzen ließen, von denen man wusste, dass die Fahrgäste dort zivilisierter sind. Und in einem Unternehmen, das Bus- und Straßenbahnlinien betrieb, wechselten die Busfahrer so schnell wie möglich zur Straßenbahn, weil man dort wegen der abgetrennten Fahrerkabine weniger Kontakt zu den Passagieren hatte und die Arbeit besser angesehen war.[8]

Kurze, aber katastrophale Begegnungen

Nach kurzen Konfrontationen mit unhöflichen, erniedrigenden und respektlosen Leuten, die unter die Haut gehen und nachhaltig verstören, ist es oftmals besser, ihnen eine Zeit lang aus dem Weg zu gehen.

Wie der Produktmanager, der, wenn er in Meetings mit Kollegen oder Klienten feststeckte, die ihn in den Wahnsinn trieben, und er Angst hatte, etwas zu tun oder zu sagen, was er später bereuen würde, einfach aufstand und verkündete, dass er dringend seine 85 Jahre alte Mutter anrufen musste. Das war, wie er mir schrieb, ein so guter und nachvollziehbarer Grund, dass sich niemand jemals beschwerte – und seine Mutter war stets sehr erfreut, von ihm zu hören. Allgemeiner gesprochen: Wenn eine Veranstaltung – egal ob Party, Konzert, Film oder selbst Hochzeit –, bei der Sie gerade sind und bei der Sie von arroganten oder streitsüchtigen Leuten belagert werden, noch eine ganze Weile dauert, dann sollten Sie die erste sich bietende halbwegs höfliche Gelegenheit ergreifen und das Weite suchen.

In der Schule wird uns eingebläut, auf unseren Stühlen sitzen zu bleiben, bis die Stunde zu Ende ist, was es den Lehrern erlaubt, die Disziplin aufrechtzuerhalten und für Ordnung im Klassenzimmer zu sorgen. Doch diese Lektionen in

Sachen Konformität können uns später im Leben schaden. Sosehr Sie nach den Notausgängen in einem Theater oder Hotel schielen mögen, ist es doch stets ratsam, nach gesellschaftlich akzeptablen Ausstiegsmöglichkeiten zu suchen. Ein Beispiel: Nachdem ich mehrere Jahre Lyft und Uber genutzt habe, um in San Francisco von A nach B zu kommen, weiß ich inzwischen, dass die meisten Fahrer völlig in Ordnung sind, man aber hin und wieder doch an jemanden gerät, der in einem fort über Politiker herzieht, unangemessene persönliche Fragen stellt oder gar, wie unlängst geschehen, ein kleines Geschäft nebenbei betreibt und einen hartnäckig zum Erwerb eines elektronischen Geräts drängt. Solange ich mich in einer sicheren Umgebung befinde und in einer Gegend, in der viele andere Fahrer unterwegs sind, steige ich in einer solchen Situation an der nächsten Ecke aus und bestelle einen anderen Fahrer. Klar, das kostet mich ein paar Minuten und ein paar Dollar extra, aber ich fühle mich dann jedes Mal sehr viel besser.

Trolle und andere Online-Idioten: Ignorieren, entfreunden und blockieren

Die Nerds aus den Forschungslaboren, die in den 1960er- und 1970er-Jahren gemeinsam das ARPANET (den Vorläufer des Internets) entwickelten, konnten nicht ahnen, dass ihre Erfindung die Bühne für eine weltweite Plage namens »Cyber-Mobbing« sein würde – die verzerrende und absurde Online-Belästigung, die von Beleidigungen über sexuelle Belästigung bis hin zu Stalking und Androhung körperlicher Gewalt reicht. Für berühmte Menschen gehören derartige fiese Shitstorms fast schon zum Alltag. Selbst die untadeligsten und normalsten Stars werden hin und wieder Opfer der Attacken unsicherer, rachsüchtiger und häufig anonymer Trolle. So erging es zum Beispiel der Kunstturnerin und fünfmaligen Goldmedaillengewinnerin Gabby Douglas während der Olympischen Spiele 2016, als sie in den sozialen Medien unter dem Hashtag #CrabbyGabby von Tausenden von Leuten gebrandmarkt wurde. Douglas nahm sich die Attacken sehr zu Herzen und fühlte sich sogar genötigt, sich für Beleidigungen zu entschuldigen, die unerheblich, trivial und – meiner Meinung nach – zum Teil gar nicht existent waren.

Gabbys Mutter Natalie Hawkins zählte gegenüber der Nachrichtenagentur Reuters die vermeintlichen Verfehlungen ihrer Tochter auf: »Sie musste sich mit Leuten herumschlagen, die ihre Frisur kritisierten und ihr vorwarfen, sie bleiche sich die Haut. Die behaupteten, sie hätte sich die Brüste machen lassen, dass sie nicht genügend lächelte und dass sie unpatriotisch sei.«

Auch Leute, die nicht unbedingt berühmt sind, aber ein gewisses Maß an öffentlicher Aufmerksamkeit erregen, ziehen Trolle an. Die Historikerin Mary Beard von der Cambridge University gehört offenbar insbesondere für sexistische Arschlöcher zu den faszinierendsten und lohnendsten Zielen. Beard ist bekannt für ihre Bücher über das Römische Reich und für ihre klaren Ansichten zu Themen wie beispielsweise »die vielen Mittel und Wege, wie Männer seit der Antike Frauen, die den Mund aufmachen, zum Schweigen gebracht haben« – Ansichten, die sie auch in Filmen, im Fernsehen und in den sozialen Medien kundtut. Beard hat, wie sie 2016 in einem Artikel im *New Yorker* darlegte, gelernt, dass Frauen, die sich in »traditionell Männern vorbehaltene Territorien vorwagen«, Cyber-Mobbing provozieren. Grobe Beleidigungen wie »Halt die Klappe, du Hure« sind laut Beard an der Tagesordnung, und selbst physische Drohungen – wie der kranke Tweet »Ich schneid dir den Kopf ab und vergewaltige ihn« – sind gar nicht so selten.

Dafür, dass das Cyber-Mobbing außer Kontrolle geraten ist, gibt es Belege in Hülle und Fülle. Wie eine 2014 von Pew Research in den USA durchgeführte Umfrage ergab, hatten 73 Prozent der Teilnehmer miterlebt, wie andere im Netz belästigt wurden, und waren 40 Prozent selbst Opfer solcher Übergriffe geworden – 27 Prozent etwa gaben an, sie seien mit Schimpfworten tituliert worden, und 7 Prozent, dass sie über einen längeren Zeitraum hinweg Belästigungen ausgesetzt waren. Besonders häufig davon betroffen waren laut der Pew-Studie junge Erwachsene im Alter von 18 bis 24 Jahren, was nicht überraschend ist, da sie die Hauptnutzer von sozialen Medien sind. Wie der Zusammenfassung der Studie auf der Website von Pew Research weiter zu entnehmen ist, wurden Frauen in dieser Altersgruppe Opfer der schlimmsten Formen der Belästigung: 25 Prozent wurden sexuell belästigt, 26 Prozent von Stalkern verfolgt.

Dass die Trolle sich hinter anonymen Benutzernamen verstecken können, ist natürlich mit für die Vielzahl an Übergriffen verantwortlich. Doch das erklärt noch längst nicht alles. Ein Großteil der in der Pew-Studie aufgedeckten Belästigungen wurde von Freunden und Bekannten der Opfer verübt sowie von Leuten, die auf Gaming-Plattformen, in sozialen Medien und in E-Mails und SMS-Nachrichten ihren Klarnamen benutzten. Auch viele der Arschlöcher, die Gabby Douglas und Mary Beard beleidigten und erniedrigten, waren mit ihren Klarnamen online. Und bei den Recherchen der *Wall Street Journal*-Reporterin Elizabeth Bernstein für eine Story über Cyber-Mobbing kannten viele der von ihr interviewten Opfer ihre Peiniger, darunter eine »Lehrerin, die von einem Schüler online gemobbt wurde, eine Frau, die ein wegen ihres Hundes aufgebrachter Nachbar im Netz beleidigte, und ein Mann, der innerhalb von 48 Stunden über 500 SMS von seiner Exfreundin erhalten hatte«.

Der gemeinsame Nenner all dieser Giftspritzer und Verbreiter von Beleidigungen, Respektlosigkeiten und Hass ist *der fehlende Blickkontakt mit ihren Opfern* – was der Hauptgrund dafür zu sein scheint, dass diese Online-Arschlöcher sich so wenig von Empathie, Schuldgefühlen und guter alter Höflichkeit gebremst fühlen, die im direkten Kontakt ihre Wut bremsen oder stoppen würden. In Israel etwa ließen die Verhaltensforscher Noam Lapidot-Lefler und Azy Barak von der Universität Haifa für eine Studie jeweils zwei Studenten Debatten via SMS führen. Dabei nahmen die Forscher zahlreiche Faktoren unter die Lupe, anhand derer sie bestimmen konnten, wie höflich oder anmaßend die Studenten miteinander diskutierten, unter anderem, ob die Studenten (die sich untereinander nicht kannten) sich vor Beginn der Debatte Zeit nahmen, einander persönlich kennenzulernen. Wenn die Studenten, so das zentrale Ergebnis der Studie, während der Debatte Blickkontakt miteinander hatten, kam es sehr viel seltener zu Drohungen und feindseligen Kommentaren – unabhängig davon, ob sich das jeweilige Duo zuvor persönlich kennengelernt hatte.[9]

Was also unternimmt man gegen Online-Arschlöcher? Nun, was Deppen angeht, die ihren Dreck unter ihrem Klarnamen verbreiten, lautet die beste Lösung meistens, die Interaktion abzubrechen, statt es ihnen mit gleicher Münze heimzuzahlen. Beziehungsweise falls Sie es mit einem amtlichen Arschloch zu tun haben, die Beziehung sofern möglich sofort zu beenden. Wie es in dem Artikel im *New Yorker* über Mary Beard hieß: »Es gibt sogar einen Twitteraccount, @AvoidComments, in dem Warnungen gepostet werden, etwa: ›Im echten Leben würdet ihr jemandem, der Bonerman26 heißt, keine Sekunde zuhören. Lest seine Kommentare nicht.‹« Und die Cyber-Mobbing-Expertin Patricia Wallace von der University of Maryland erklärte gegenüber Elizabeth Bernstein vom *Wall Street Journal,* sie rate den Opfern, die sie um Hilfe bitten, dazu, die Schweinehunde zu »entfreunden, entfolgen und nicht mehr zu verlinken«.

Idioten zu ignorieren und die Beziehungen zu ihnen abzubrechen können, wie auch die Studie von Pew Research belegt, wirksame Maßnahmen sein: 60 Prozent der Befragten entschieden sich dafür, jüngste Mobbingattacken zu ignorieren, und die meisten (über 80 Prozent) sagten, dass das funktionierte. Analog zu Patricia Wallace' Ratschlag zeigte die Pew-Studie, dass andere wirksame Rückzugstaktiken unter anderem darin bestanden, den Mobber zu entfreunden oder zu blockieren, den eigenen Nutzernamen zu ändern, das eigene Online-Profil zu löschen, sich aus der Online-Interaktion zurückzuziehen oder die Online-Seite, auf der die Übergriffe stattfanden, nicht mehr zu besuchen.

Aber auch wenn es riskanter ist, Online-Trolle und -Arschlöcher direkt zu attackieren, als sie einfach zu ignorieren oder zu entfreunden, kann auch das mitunter funktionieren. Über 20 Prozent der im Rahmen der Pew-Studie befragten Opfer konfrontierten ihre Quälgeister, und die meisten davon sagten, dass es ihre Situation verbessert hätte. Die Historikerin Mary Beard erlangte in gewissen Kreisen sogar Heldenstatus für ihren Kampf gegen Online-Arschlöcher – so übertitelte der *New Yorker* seinen Artikel über sie mit »Die Troll-Schlachterin«. Eine der vielen Schlachten Beards nahm ihren Lauf, als der TV-Kritiker A. A. Gill in einem Beitrag ihr Aussehen bei einer BBC-Show kommentierte – mit Spitzen wie »Von hinten sieht sie aus wie sechzehn, von vorne wie sechzig. Ihre Frisur ist eine Katastrophe, und ihr Outfit peinlich.« Er riet weiter, man solle Beard doch besser »nie mehr vor eine Kamera stellen«.

Beard wehrte sich, indem sie sich über Gills Mangel an Bildung lustig machte und erklärte, dass es »in der Geschichte der westlichen Zivilisation seit jeher Männer wie

Gill gibt, die Angst vor Frauen haben, die offen ihre Meinung bekunden, und als Professorin für Altphilologie falle ich vermutlich in diese Kategorie«. Die Runde ging an Beard. Und doch ist, wie wir gesehen haben und ich in Kapitel 6 »Zum Gegenangriff übergehen« noch detaillierter darlegen werde, der offene Kampf gegen Arschlöcher – ob off- oder online – riskant, und man ist gut beraten, die eigene Machtposition und mögliche Exit-Optionen sorgfältig abzuwägen, bevor man eine Attacke fährt.

Wie man Klienten feuert

Vor einigen Jahren schickte mir ein aufgewühlter Manager eines Beratungsunternehmens folgende Nachricht:

> *Viele unserer Klienten sind Arschlöcher. Ich muss mich mit ihnen abgeben, weil sie im wahrsten Sinne des Wortes unsere Rechnungen bezahlen. Diese Deppen (denen ich in den Führungsebenen sämtlicher Fortune-50-Unternehmen schon oft genug begegne) saugen das Leben aus unseren Mitarbeitern und machen es uns ungemein schwer, ein nachhaltiges und kulturell lebendiges Arbeitsumfeld zu schaffen. Was kann ich dagegen unternehmen?*

Daraus entspann sich ein E-Mail-Verkehr, und nach einiger Zeit hielt ich vor den Beratern seines Unternehmens einen Vortrag über Arschlöcher. In jeder Branche, in der man Dienstleistungen für andere erbringt, gibt es Kunden und Klienten, die ihre Grenzen nicht einhalten und schwierig sind. Und ein Teil dessen, was einen fähigen Consultant, Lehrer, Barista oder anderen Servicemitarbeiter ausmacht, ist die Fähigkeit, mit Idioten auf eine Weise umzugehen, die diese beruhigt, dabei die eigene Würde und geistige Gesundheit zu bewahren *und* dafür zu sorgen, dass der Rubel weiterhin rollt. Nachdem ich mit mehreren Führungskräften in der Firma gesprochen hatte, ging mir auf, dass sie, wenn überhaupt, nur über wenig Erfahrung darin verfügten, wie sie ihre übelsten Kunden loswurden. Das überraschte mich, denn wie ich aus meinen Gesprächen und Interviews mit Psychiatern, Priestern, Barkeepern, Friseuren, Filmregisseuren, Anwälten, Beratern, Sozialarbeitern, Risikokapitalgebern, CEOs und Leuten in vielen anderen Berufen wusste, geben sie sich große Mühe, Arschloch-Klienten und -Kunden aus dem Weg zu gehen. Beziehungsweise finden sie, so doch einer bei ihnen landet, meistens Mittel und Wege, ihn wieder loszuwerden – oder von ihm gekündigt zu werden.

2011 hörte ich während eines Aufenthalts in Auckland eine Rede des Air New Zealand-CEOs Rob Fyfe, der die Fluglinie von 2005 bis 2012 führte und dem weithin die Rettung einer eigentlich schon dem Untergang geweihten Airline zugeschrieben wird, die bis zu seinem Antritt in dem Ruf gestanden hatte, Mitarbeiter und Kunden gleichermaßen mies zu behandeln. In seiner Rede erzählte Fyfe davon, wie er, nachdem er erfahren hatte, dass ein anmaßender (und sehr reicher) Kunde Angestellte der Airline angeschrien und beleidigt hatte, diesem einen Brief geschrieben und ihn davon in Kenntnis gesetzt hatte, dass Air New Zealand ihm künftig keine Tickets mehr verkaufen werde. Damit alle Mitarbeiter wussten, um wen es sich handelte, stellte Fyfe eine Kopie des Briefs mit dem Namen des gesperrten Passagiers auf eine interne Website. Auch wenn Fyfe inzwischen nicht mehr bei dem Unternehmen ist, hält Air New Zealand weiter an dem Prinzip fest, Passagiere, die Mitarbeiter der Fluglinie (oder andere Passagiere) wiederholt und massiv respektlos behandeln, nicht mehr zu befördern. Auch in anderen Bereichen macht das Unternehmen viele Dinge richtig, und 2016 wurde Air New Zealand auf Airlineratings.com zum dritten Mal in Folge zur besten Fluglinie der Welt gekürt.

Von klugen Leuten wie Rob Fyfe habe ich gelernt, dass es manchmal am besten ist, Anfragen für Auftritte oder Beratungen von rüden und herrschsüchtigen Klienten einfach abzuweisen – oder dafür zu sorgen, dass sie mich feuern, weil ich ihren lächerlichen Forderungen nicht nachgebe. Ein Beispiel: Einmal rief mich eine Beraterin, die mich für einen Vortrag vor Managern kalifornischer Weinkellereien gebucht hatte, zwei Tage vor dem vereinbarten Termin an. Ich hatte mich auf den Vortrag gefreut, weil ich guten Wein und gute Winzer mag, und als Honorar hatten wir vereinbart, dass ich statt Geld ein Dutzend Flaschen Wein von herausragenden Kellereien erhalten sollte.

Doch dann wollte die Beraterin, dass ich nicht über mein eigentliches Thema sprach, sondern über einen Gesetzentwurf in Kalifornien, der die Weinindustrie betreffen würde. Ich hätte, erklärte ich ihr, keine Ahnung von dem geplanten Gesetz, und dass ich, wenn ich so tun würde als ob, damit nur auf die Nase fallen und die Weinmanager enttäuschen würde. Doch sie drängte mich und drängte und drängte weiter – wenn ich mich einen Tag lang mit dem Gesetzentwurf beschäftigen würde, könnte ich doch bestimmt drei Stunden darüber referieren. Sosehr ich mich auf den Wein und die ganze Veranstaltung gefreut hatte, beschied ich ihr knapp und eher herablassend, dass ich das Thema meines Vortrags nicht ändern könne und sie uns beide, sollte sie auf ihrer Forderung bestehen, in eine unmögliche Situation manövrieren würde. Daraufhin meinte sie, sie wolle mich nicht mehr für den Vortrag, und ja, dieses Gefühl beruhte auf Gegenseitigkeit. Vielleicht hätte ich meine Ablehnung netter formulieren sollen, aber unter dem Strich hatte ich das Richtige getan.

Realistischerweise spielen natürlich auch finanzielle Aspekte in die Entscheidung mit hinein, welche Kunden und Klienten man feuert und welche man doch akzeptiert. In dieser Hinsicht gefällt mir die Faustregel eines Weinhändlers aus Berkeley. »In meiner Branche«, schrieb er mir, »haben wir den Grundsatz, dass ein Kunde entweder ein Arschloch sein darf oder jemand, der seine Rechnungen zu spät bezahlt, aber nicht beides zugleich. Anhand dieser Regel haben wir mehrere Kunden aussortiert und damit unseren Stresspegel deutlich reduziert.«

Vorausschauend handeln und gezielt ausweichen

Es ist besser, sich erst gar nicht mit Arschlöchern einzulassen, als ihnen später zu entkommen (oder, schlimmer noch, ihnen in die Falle zu gehen und nicht mehr flüchten zu können). Allerdings kann es schwierig sein zu erkennen, ob man drauf und dran ist, einem Arschloch auf den Leim zu gehen. Natürlich kann man seine Hausaufgaben machen, etwa auf Tripadvisor.com nach einem Hotel oder Restaurant mit guten Bewertungen suchen oder bei Glassdoor oder auf der *Fortune*-Liste der »100 besten Arbeitgeber« nach einem Unternehmen suchen, das seine Mitarbeiter gut behandelt –, und trotzdem kann man selbst in diesen Unternehmen an ein amtliches Arschloch oder einen ganzen Haufen davon geraten. Manchmal fängt alles ganz fantastisch an, aber dann stoßen ein paar rüde, selbstsüchtige oder übel wollende Typen dazu, das Gift breitet sich aus, und Ihre ganze Welt verwandelt sich plötzlich in einen Misthaufen. Oder früher herzliche und hilfsbereite Vorgesetzte oder Kollegen mutieren zu Arschlöchern, aus Gründen, die von Arroganz und Gleichgültigkeit (die häufig mit Erfolg einhergehen) bis hin zu Angst vor Statusverlust reichen, weil sie für Versagen oder Skandale verantwortlich gemacht oder auch nur damit in Verbindung gebracht werden könnten.

Trotzdem können Sie sich viel Leid ersparen, wenn Sie vorab recherchieren und nach Warnzeichen mit der Aufschrift »Achtung Arschlöcher« Ausschau halten, überlegen, wo Sie essen gehen oder übernachten wollen, welcher Kirchengemeinde, welchem Golfklub oder welchem Fußballverein Sie beitreten möchten, wo Sie arbeiten oder wen Sie als Neukunden akzeptieren wollen. Die unten stehenden »Tipps zum Aufspüren von Arschlöchern« werden Ihnen helfen, Widerlinge zu entlarven und zu meiden. Insbesondere möchte ich ein gutes Wort für das einlegen, was Adam Grant von der Wharton Business School 2013 in der *Huffington Post* als »prosozialen Klatsch« beschrieb. Viele meiner Tipps beziehen sich darauf, auf den Klatsch von zuverlässigen und mitfühlenden Verbündeten zu hören. Ich rede hier nicht von bösartigen, hasserfüllten oder falschen Gerüchten. Sondern von fundierten Kommentaren über fiese Leute und Orte, die Sie und andere davor schützen können, erniedrigt und verletzt zu werden. Professor Grant liefert mehrere Beispiele dafür, wie er selbst derartigen prosozialen Klatsch anwendet, Beispiele, die meines Erachtens nur für ihn sprechen. Etwa als er einen Studenten warnte, »im Umgang mit einem Professor Vorsicht walten zu lassen, von dem bekannt ist, dass er Studenten ausbeutet«. Oder als er sich über die »wechselhafte Geschichte« von jemand ausließ, den ein Kollege als Geschäftspartner in Betracht zog. Eigentlich ist Grant jemand, der nett über andere spricht. Aber er sagt auch, dass negativer – und fundierter – Klatsch in vielen Fällen gerechtfertigt ist: »Ich habe, glaube ich, eine soziale Verantwortung, offen über andere zu reden. Wenn ich die Leute nicht vor den schlimmsten manipulativen und macchiavellistischen Räubern in ihrem Umfeld warne, liefere ich sie ihren Attacken schutzlos aus.«

Tipps zum Aufspüren von Arschlöchern

Wie man Fieslinge erkennt und ihnen aus dem Weg geht.

1. Klar, googlen Sie:
Checken Sie anerkannte Rating- und Rankingquellen. Aber vergessen Sie nicht, dass die Glassdoor-Liste der zehn schlimmsten Arbeitgeber oder die *Fortune*-Liste der »100 besten Arbeitgeber« nicht notwendigerweise etwas darüber aussagt, was Sie mit einer bestimmten Abteilung, einer Gruppe, einer Person oder einem Klienten erleben werden.

2. Verlässlicher Klatsch ist Gold wert.
Kennen Sie jemanden, der für das Unternehmen arbeitet oder gearbeitet hat? Was sagen sie über die Leute und die Firma generell, und was können sie Ihnen über die anfallende Arbeit sagen und über die Leute, mit denen Sie zu tun haben werden?

3. Feinde oder Opfer in der Vergangenheit?
Sprechen Sie mit Leuten, die gekündigt haben, weil sie unglücklich waren, und solchen, denen gekündigt wurde. Wenn sie mit dem Team oder der Person gearbeitet haben, mit denen oder für die Sie arbeiten werden, sind die Informationen besonders wichtig.

4. Kontakt mit anderen Arschlöchern?
Haben Ihre künftigen Vorgesetzten oder Kollegen mit amtlichen Arschlöchern zusammengearbeitet oder sind von ihnen ausgebildet worden? Wenn ja, dann ist größte Vorsicht geboten. Arschlöcher ziehen andere Arschlöcher an und brüten neue aus.

5. Schlechter erster Eindruck?
Geben E-Mails, Nachrichten oder erste Telefongespräche Hinweise darauf, dass Sie es mit Fieslingen zu tun haben?

6. Schlechter zweiter Eindruck?

Wie werden Sie bei ersten Meetings oder Interviews behandelt? Haben Sie das Gefühl, respektiert zu werden? Zeigen sie Anteilnahme? Oder gibt es bereits erste Indizien für Feindseligkeit, Unhöflichkeit oder exzessive Ansprüche? Die Dinge können nur schlechter werden.

7. Falsches Lob?

Achten Sie darauf, wie Untergebene und Kollegen über Leute mit Macht reden. Natürlich werden sie gegenüber einem Außenstehenden eher nicht schlecht über ihre Vorgesetzten oder Teamkollegen reden. Beten sie die richtigen Sätze herunter, aber ohne jede Spur von Wärme oder Begeisterung? Wechseln sie schnell das Thema, wenn sie nach ihren Vorgesetzten oder anderen Führungskräften gefragt werden? Alles außer absolutem Enthusiasmus ist ein K. o.-Kriterium.

8. Anzeichen für Machtkomplexe?

Achten Sie darauf, wie Leute in Führungspositionen über andere reden. Sind alle anderen Deppen, Idioten, Verräter oder Verlierer? Reden sie schlecht oder verächtlich über andere, ausgenommen diejenigen, die ihnen in den Arsch kriechen?

9. Wie ist der Umgangston?

Wie behandeln Leute mit mehr Macht solche mit weniger Macht? Achten Sie auch darauf, wie Gleichgestellte miteinander umgehen – haben Sie es mit einer *Herr der Fliegen*-Situation zu tun? Aggressive Witze, grobe Unterbrechungen, angespannte Mimik und bedrücktes Schweigen sind Warnsignale.

10. Ständig auf Sendung, aber kein Empfang?

Mithilfe dieser beiden diagnostischen Fragen, die mein Stanford-Kollege Huggy Rao vorgeschlagen hat, können Sie selbstverliebte Leute identifizieren:

- Wie sehr dominieren Ihre potenziellen Vorgesetzten, Kollegen oder Klienten die Redezeit? Geben sie Ihnen oder anderen die Chance, selbst das Wort zu ergreifen?

- Wie steht es um das Verhältnis zwischen Fragen, die sie stellen, und Aussagen, die sie treffen? Wenn sie keine Fragen stellen und nur Anweisungen geben, mit ihrem Wissen protzen und kaum Interesse an dem zeigen, was andere sagen, sind das schlechte Zeichen.

11. Die Wassertemperatur antesten.
Können Sie zuerst eine begrenzte statt eine umfassende Zusammenarbeit vereinbaren? Ein kleines Projekt für einen Kunden oder vielleicht ein Praktikum oder eine Probezeit? Auf diese Weise können Sie herausfinden, ob es ein Arschloch-Problem gibt, bevor Sie sich langfristig binden.

Eine Verwandte von mir, die seit über 25 Jahren mit herrschsüchtigen und mitunter durchgeknallten Arschlöchern umgehen muss und gelernt hat, wie man ihnen zur Not aus dem Weg geht, wendet viele dieser »Tipps zum Aufspüren von Arschlöchern« an. Sie organisiert als Freiberuflerin komplexe, in die Millionen gehende Projekte für reiche Klienten, darunter viele Milliardäre (im Interesse der familiären Harmonie verzichte ich auf nähere Einzelheiten). Sie ist sehr gut in dem, was sie tut, und bekannt dafür, Projekte termingerecht und im Budget abzuschließen und gut mit den Eigenarten, Stimmungsschwankungen und der Ungeduld ihrer Klienten umgehen zu können – und auch damit, dass ihre Kunden auf perfekten Ergebnissen bestehen (sich dann aber sträuben, den entsprechend hohen Preis zu bezahlen).

Viele ihrer Klienten sind wunderbar, und »es macht einfach Spaß mit ihnen« – aber es gibt auch gewisse Zeitgenossen, die sie um jeden Preis zu vermeiden sucht. Sie hat auf die harte Tour gelernt, dass sich einige ihrer selbstsüchtigsten und grausamsten Klienten mit arschkriechenden Zuträgern umgeben, die sie wie Dreck behandeln. Und die Schlimmsten darunter setzten noch eine Schippe drauf: Es bereitet ihnen perverses Vergnügen, Projektmanager wie meine Verwandte auf Zeitpläne und Budgets festzunageln, die unmöglich eingehalten werden können – nur um sie dann zu beschimpfen und schlechtzumachen, wenn das Projekt den Bach runtergeht, selbst wenn der Projektmanager sie gewarnt hat, dass die Vorgaben unmöglich eingehalten werden können (und der Klient gegen den Rat der Experten darauf bestanden hat, die Sache voranzutreiben).

Wie meine Verwandte gelernt hat, ist es am besten, sich von Klienten zu trennen, die allzu gemein oder verrückt sind. Und sie hat gelernt, die Leute zu identifizieren, für die zu arbeiten für sie die Hölle ist, und inzwischen kommt es seltener vor, dass sie aus einem Projekt aussteigt (oder hinausgeworfen wird), als zu Zeiten, als ihr Arschloch-Radar noch nicht so gut justiert war. Sie spricht mit anderen Leuten in ihrer Branche, bevor sie sich mit einem potenziellen Klienten trifft, geschweige denn für ihn arbeitet: Dieser Austausch von zuverlässigem Klatsch ist unerlässlich, will man amtlichen Arschlöchern aus dem Weg gehen. Und wenn sie sich mit einem potenziellen Klienten trifft, achtet sie auf Anzeichen dafür, ob er andere Projektmanager, Assistenten, Techniker, Bauarbeiter oder andere Leute auf seiner Lohnliste schlecht behandelt. Egal, wie herzlich und charmant sich der potenzielle Klient ihr gegenüber aufführt, so etwas ist für sie ein klares Stoppsignal.

Erst vor Kurzem traf sie sich mit einem Milliardär, um über ein mögliches Projekt zu sprechen. Dabei beobachtete sie an ihm ein »spezielles Verhalten«. Schlecht bezahlte Mitarbeiter mit geringer Qualifikation, die ihm treu ergeben waren und alles für ihn taten, behandelte er distanziert, aber nicht unbedingt schlecht. Stattdessen waren es die qualifizierten Angestellten, die (wie meine Verwandte) bestens bezahlt wurden, die er »unablässig beschimpfte und denen er damit drohte, sie rauszuschmeißen und durch billigere Arbeitskräfte zu ersetzen«. Dieser Milliardär versucht nach wie vor, meine Verwandte für eine Mitarbeit zu gewinnen, und lädt sie immer wieder zum Essen ein, um mit ihr über künftige Projekte zu sprechen. Doch sie »lehnt stets höflich« ab, weil sie genau weiß, dass er sie, würde sie anfangen, für ihn zu arbeiten, früher oder später genauso mies behandeln würde wie seine anderen Angestellten.

Dasselbe gilt, wenn Sie zu einem Vorstellungsgespräch eingeladen werden. Achten Sie nicht nur darauf, wie Sie selbst behandelt werden, sondern auch darauf, wie Ihr potenzieller Boss und Ihre potenziellen Kollegen andere behandeln. Ein Kandidat, der sich um einen Job als Produktionsmanager bewarb, schrieb mir, dass er Zweifel hatte, ob er den Posten annehmen sollte, weil sein künftiger Chef mehrere Jahre für ein Unternehmen gearbeitet hatte, das in dem Ruf stand, inkompetente Arschlöcher hervorzubringen. Also, sagte er, »achtete ich während des Bewerbungsgesprächs ganz besonders darauf, wie er mit den Fabrikarbeitern und den Leuten umging, die direkt mit ihm zu tun hatten, darauf, wie er mit ihnen sprach, auf ihren verbalen und visuellen Austausch.« Dabei fiel ihm auf, dass die Arbeiter Abstand zu ihrem Vorgesetzten hielten, wenn er mit ihnen sprach, dass »er sie nicht einmal anlächelte und sie ihn auch nicht« und er an den Leuten am Fließband vorbeiging, »ohne auch nur einmal in ihre Richtung zu nicken«. Im direkten Gespräch mit dem Kandidaten war es sogar noch schlimmer. »Er schnitt mir gleich zweimal das Wort mitten im Satz ab, so, als würde ich gerade gar nicht reden, und als ich über meinen Werdegang sprach, tat er nicht einmal so, als würde er mir zuhören.« Er hätte den Job haben können, lehnte aber ab, weil er, wie er schrieb, davon überzeugt war, dass er am Ende für ein Arschloch gearbeitet hätte.

Der Ton macht die Musik

Wenn Sie vor Arschlöchern fliehen oder – noch besser – sie vorab identifizieren und sich erst gar nicht auf sie einlassen, können Sie sich selbst, Ihren Freunden und Ihren Kollegen viel Leid ersparen. Ich mag diese »Stecken Sie sich diesen Job doch sonst wohin«-Geschichten. Und wie die Geschichte von dem Ingenieur zeigt, der mithilfe der »Kamikaze-Methode« gekündigt und seine Chefin mit ins Abseits gerissen hat, kann es unter gewissen Umständen lohnen, Stunk zu machen. Manche Arschlöcher sind so bösartig und unverbesserlich, dass sie alles, was sie an übler Nachrede, schlechter Presse und Anzeigen einstecken müssen, mehr als verdient haben.

Zum Beispiel der ehemalige CEO von American Apparel, Dov Charney. Laut einem im Juni 2015 in der *Los Angeles Times* erschienenen Artikel hatte Charney den Aussagen zufolge Buchhaltungsangestellte als »Filipino-Schweine mit den Schnauzen im Trog« beschimpft, versucht, einen Angestellten »mit den Händen zu würgen und ihm Dreck ins Gesicht zu reiben« und »auf Computern des Unternehmens Filmaufnahmen gespeichert, auf denen er Sex mit Models hatte«. Die Vorwürfe gegen Charney waren nicht neu. Schon 2008 hatte die *Los Angeles Times* über eine Gerichtsverhandlung gegen Charney berichtet, in der es darum ging, dass er Mitarbeiterinnen als »Fotzen« und »Huren« bezeichnet und eine Angestellte aufgefordert hatte, »vor seinen Augen zu masturbieren«. Nach Aussage der Anwälte von American Apparel hat Charneys Verhalten dem Unternehmen »an die zehn Millionen Dollar an Prozesskosten« verursacht. Charney wies sämtliche Vorwürfe von sich, doch als er seinen früheren Arbeitgeber wegen Verleumdung verklagte, wies die zuständige Richterin Terry Green die Klage ab und erklärte laut einem Bericht in *Litigation Daily* vom Oktober 2015, ihrer Meinung nach würden »die Chancen besser stehen, dass ich als erste Astronautin auf dem Mars strande«, als dass Charney mit seiner Klage Erfolg hat. Die Charney vorgeworfenen Misshandlungen überschritten, so die Richterin, »die Grenze so sehr, dass man sie schon gar nicht mehr sehen kann«.

In den meisten Fällen jedoch werden Sie und alle, die Sie zurücklassen (einschließlich der Arschlöcher, die Sie abservieren), besser dastehen, wenn Sie Ihren Abgang auf eine ruhige, bedachte und zivilisierte Weise gestalten, die allen erlaubt, ihr Gesicht zu wahren. Wenn Sie also einen Job hinschmeißen oder einem Kunden kündigen, versuchen Sie, die Gegenseite vorab zu informieren, schließen Sie Ihre Arbeit, wenn irgend möglich, ab, und sorgen Sie für einen reibungslosen Übergang, sodass andere nicht im Regen stehen bleiben. So verhindern Sie, Brücken einzureißen, die Sie später vielleicht noch benötigen werden. Abgesehen davon ist es riskant, die Widerlinge, denen Sie den Laufpass geben, zu verärgern oder sie schlechtzureden, schließlich sind sie ja Arschlöcher und neigen als solche dazu, sich an Ihnen zu rächen. Nicht nur, dass sie Ihnen hinterher noch in den Rücken fallen und schlechte Zeugnisse ausstellen könnten, sie könnten ihren Ärger auch an Freunden und Verbündeten ausleben, die Sie zurücklassen.

Die *Forbes*-Autorin Susan Adams empfiehlt deshalb, sich auch dann mit einer kurzen und unverbindlichen Nachricht zu verabschieden, wenn man einen abscheulichen Job oder Chef verlässt. Und falls Ihr Boss oder die Personalabteilung wissen will, warum Sie gehen, denken Sie daran, dass selbstverliebte und machtbesessene Menschen zumeist auch sehr dünnhäutig sind. Und egal, wie ruhig und objektiv Sie die »Arschloch-Problematik« auch erklären mögen, werden sie versuchen, alle, die ihnen nicht Honig ums Maul schmieren und in den Arsch kriechen, anzugreifen, ihnen die Schuld zu geben und sie reinzulegen. Es könnte also besser sein, wenn Sie Ihren Abgang freundlich, kurz und unverbindlich inszenieren – und einfach zusehen, so schnell wie möglich Land zu gewinnen.

Hier das Fazit: Wenn Sie etwas unternehmen, was andere beleidigen, verletzen oder bedrohen könnte – egal, ob es sich dabei um Arschlöcher handelt oder um geschätzte Kollegen –, vergessen Sie nicht: *Es gibt einen gewaltigen Unterschied zwischen dem, was man tut, und der Art und Weise, wie man es tut.*[10] Dieser Leitsatz lässt mich immer an meinen Freund Michael Dearing denken. Michael ist ein Geschäftsmann durch und durch, und zu seinen Lieblingsaussprüchen zählt der Satz, dass der »Kapitalismus ein Ofen mit Selbstreinigungsfunktion« ist. Er hat Jobs bei Unternehmen wie Disney und eBay gekündigt, dort und in anderen Firmen Leute in Führungspositionen gefeuert und seitdem als Risikokapitalgeber über hundert Start-ups auf den Weg gebracht und bei nicht viel weniger Firmen mit schlechten Geschäftsaussichten die Reißleine gezogen. Um ehrlich zu sein, Michael hat vor Jahren gemeinsam mit mir und einigen Kollegen in Stanford unterrichtet – und am Ende auch uns sitzen gelassen!

Dennoch mögen die meisten, die Michael verlassen oder gefeuert oder denen er den Geldhahn zugedreht hat, ihn immer noch. Und zwar wegen der ART UND WEISE, wie er das getan hat. Er behandelt die Menschen mit Respekt und bleibt ihnen auch während und nach der Trennung emotional zugewandt. Egal, ob er mit großartigen Kollegen (»in 95 Prozent der Fälle«) oder mit dem hin und wieder unvermeidlichen Arschloch (»in maximal 5 Prozent der Fälle«) zusammenarbeitet, bei seinen Interaktionen behält er »stets die Sichtweise des anderen mit im Blick«. Selbst wenn er die Verbindung zu einem Arschloch kappt, versucht er, »die

Wahrheit auf eine respektvolle und mitfühlende Weise zu vermitteln«.

Natürlich hat sich auch Michael auf seinem Weg den einen oder anderen Feind gemacht, und rückblickend fragt er sich, ob er nicht herzlicher und verständnisvoller mit ihnen hätte umgehen können. So ist Michael eben, er sucht die Schuld eher bei sich als bei den anderen – auch wenn alles danach aussieht, dass die Schuld bei den anderen liegt. Er weiß, warum es gut ist, andere nur mit großer Vorsicht als Arschloch zu bezeichnen, bei sich selbst hingegen ist er mit dieser Diagnose sehr schnell.

4 Arschloch-Vermeidungsstrategien:

Den Kontakt einschränken

»Leg dich nicht mit Idioten an.« Das riet mir Katy, als ich sie um ihre beste Arschloch-Überlebensstrategie bat. Ich spreche von Dr. Katy DeCelles von der University of Toronto, einer Koryphäe, die Studien über aggressive Menschen und hässliche Konflikte durchführt, einschließlich der in Kapitel 2 beschriebenen Studie über Wutanfälle von Basketball-Trainern, der Grausamkeit (sowie Apathie und Fürsorge) zwischen Gefängniswärtern und Gefängnisinsassen, Randalen im Flugzeug und »Pöbeleien vor Flügen« – bei denen Fluggäste am Flugsteig Airline-Mitarbeiter beschimpfen.

Katys Warnung ist ein guter Ausgangspunkt für jeden, der von Arschlöchern belästigt, schikaniert oder gekränkt wird. Jeder von uns ist gelegentlich in Begegnungen und Beziehungen mit Wichsern verstrickt (oder beschließt, sie auszuhalten) – wobei wir lediglich beabsichtigen, diese grässlichen Konfrontationen so gut wie möglich zu überstehen. Um es mit Katys Worten zu sagen, geht es in diesem Kapitel darum, wie man die Häufigkeit, Dauer und Intensität der Aggressionen, mit denen man konfrontiert wird, begrenzt, wenn man bescheuerten Leuten nicht völlig aus dem Weg gehen kann oder möchte.

Ich konzentriere mich darauf, die Häufigkeit des Kontakts zu reduzieren, da Wichser oftmals wie Kranke sind, die sich mit einer gefährlichen und ansteckenden Krankheit infiziert haben. Wir Menschen »fangen« viele unserer Gedanken, Gefühle und Verhaltensweisen von anderen auf (selbst wenn wir es nicht wollen). Wenn wir »infiziert« sind, verändern wir uns (gewöhnlich zum Schlechten) und übertragen unsere negativen Keime auf andere (auch wenn wir es nicht beabsichtigen). Schon als ich *Der Arschloch-Faktor* schrieb, waren die Beweise dafür, dass negative Gefühle und Verhaltensweisen ansteckend sind, erdrückend. Inzwischen sind sie es noch mehr. In einer Zusammenfassung der 2013 von M. Sandy Hershcovis an der University of Manitoba durchgeführten Untersuchung zu Aggressionen am Arbeitsplatz waren dazu zahlreiche neue Studien aufgeführt. Diese bestätigen, dass missbräuchliche Vorgesetzte wie auch Kollegen, Kunden und Arbeitsplätze, an denen eine Atmosphäre der Feindseligkeit und der Ungerechtigkeit herrscht, die Angestellten infizieren, sodass sie wiederum andere wie Dreck behandeln.[1]

Erniedrigendes und respektloses Verhalten dringt in andere Beziehungen mit unbeteiligten Personen ein: Schikanierte Angestellte neigen dazu, nicht nur Kollegen und Kunden, sondern auch Familienmitglieder schlecht zu behandeln. Negative Gefühle verbreiten sich auch im Klassenzimmer. Studien der University of British Columbia legen nahe, dass es zwischen Lehrern und Grundschülern eine »Stressansteckung«[2] gibt. Die Schüler von Lehrern, die unter einem Burn-out oder unter emotionaler Erschöpfung litten, hatten einen höheren Cortisolspiegel – der mit Lernschwierigkeiten und psychischen Problemen in Verbindung gebracht wird.

Eine 2015 von Trevor Foulk und seinen Kollegen von der University of Florida durchgeführte Studie zeigt auf, dass sogar ein einmaliger Kontakt mit einer unhöflichen Person (z.B. eine leicht beleidigende E-Mail von einem Kunden) einen Menschen zu einem »Träger« machen kann, der wiederum andere mit seinem negativen Verhalten infiziert – sodass sich das Ganze wie eine »gewöhnliche Erkältung«[3] verbreitet.

Halten Sie Distanz

An dieser Stelle möchte ich Ihnen davon berichten, wie eine kleine Gruppe von Universitätsangestellten ihren Kontakt – und den Kontakt vieler anderer – zu einem lokalen amtlichen Arschloch einschränkte.

Vor ungefähr fünfzehn Jahren kannte ich einen Professor einer renommierten Universität, der ein großzügiges Forschungsstipendium erhielt. Er warf sich in die Brust und nervte die Verwaltung damit, wie viel Geld er eingebracht habe, wie angesehen er sei und wie viel Büros er benötige, um sein Team unterzubringen. Die Verwalter und die meisten anderen Professoren und Kollegen, mit denen er zusammenarbeitete, hatten genug von seiner Überheblichkeit und seinen persönlichen Angriffen. Also ließen sie sich eine geniale Lösung einfallen: Sie boten ihm mehrere Meilen vom Hauptcampus entfernt neue Räume an. Der aufgeblasene Professor schluckte den Köder und freute sich über die großzügigen Räumlichkeiten. Doch seine Kollegen freuten sich noch mehr, weil sie, nachdem er die neuen Räume bezogen hatte, nur noch selten von ihm hörten, geschweige denn, ihn zu Gesicht bekamen.

Diese Geschichte ist aufschlussreich, da sie zeigt, dass es beim Umgang mit Arschlöchern manchmal klug ist, Kommunikationsbarrieren hinzuzufügen statt zu entfernen – und physische Distanz ist eine der besten Schutzbarrieren.

Es mag Sie erstaunen, wie viel Erleichterung Sie verspüren, wenn Sie zwischen sich und Ihren Peinigern ein wenig zusätzliche Distanz schaffen.

In den 1970er-Jahren zeigte Tom Allen, Professor am MIT, Folgendes auf: Je näher Menschen beieinandersaßen,[4] desto häufiger kommunizierten sie – nicht nur via Face-to-Face-Kommunikation, sondern mittels aller möglichen Medien, einschließlich Anrufen. Weiterführende Studien über die »Allen-Kurve« oder »das Gesetz der Nähe« untermauern, dass die Menschen vier Mal häufiger gewillt sind, regelmäßig mit einem Kollegen zu kommunizieren, der sich zwei Meter entfernt befindet, als mit einem, zu dem der Abstand zwanzig Meter beträgt. Angestellte kommunizieren selten mit Kollegen auf anderen Stockwerken oder in anderen Gebäuden. Tatsache ist: Sind Menschen ungefähr 45 Meter voneinander entfernt, erfolgt die Kommunikation so selten, als würde sich einer von ihnen in einer anderen Stadt oder in einem anderen Land aufhalten. Man könnte meinen, die Einführung des Internets würde diesem »Aus den Augen, aus dem Sinn«-Effekt ein Ende setzen. Doch Untersuchungen von Wissenschaftlern wie Professor David Krackhardt von Carnegie Mellon und CEO Ben Waber von Sociometric Solutions zeigten auf, dass Menschen, die auf demselben Stockwerk und vor allem in einem kleinen Raum miteinander arbeiten, immer noch viel eher bereit sind, alltägliche Kommunikation jeglicher Art zu betreiben, einschließlich Mails, SMS und Sozialer Medien.[5]

Die Allen-Kurve wirkt sich direkt auf das Arschloch-Management aus. Wenn es Ihnen gelingt, das lokale Arschloch zu bewegen, in ein anderes Gebäude zu ziehen oder sich auch nur sechs bis neun Meter weit zu entfernen, können Sie Ihr Unbehagen und Ihre Infektionsgefahr mindern. Und die Forschung legt auch Folgendes nahe: Den unverschämten Professor dazu zu bewegen, in ein anderes Stadtviertel zu ziehen, war genauso effektiv, als hätte die Universitätsbehörde ihn in ein anderes Land geschickt. Wenn es Ihnen nicht gelingt, Ihren Kollegen zu einem Umzug zu bewegen, dann versuchen Sie, selbst umzuziehen. Zwar ist es sehr empfehlenswert, in ein anderes Stockwerk oder Gebäude zu wechseln, doch bereits die Absicht, etwas physische Distanz zwischen sich und einer toxischen Person zu schaffen, ist sehr hilfreich.

»Workforce-Forscher« Dr. Michael Housman und seine Kollegen untersuchten die »Übertragungseffekte«, die ausgelöst werden, wenn verschiedene Fachkräfte dicht beieinandersitzen. Sie beobachteten zwei Jahre lang 2000 Mitarbeiter einer großen Technologiegesellschaft.

2016 berichtete Housman der *Fast Company*, dass sie auf einen »Toxischen Dichte«-Effekt gestoßen seien. Vergleichbar mit Studien, die zeigen, dass Unhöflichkeit sich wie eine Erkältung verbreitet, stellten die Forscher fest, dass sich das Infektionsrisiko eines Mitarbeiters dramatisch erhöht, wenn er neben einem destruktiven Wichser sitzt. Housman erklärte: »Wenn Sie einen toxischen Mitarbeiter in einem Sieben-Meter-Radius mit einem fokalen Mitarbeiter zusammenbringen, steigt die Chance, dass der fokale Mitarbeiter ebenfalls zu einem toxischen Mitarbeiter wird, um mehr als das Doppelte an (+112,5 Prozent).« Housman fand sogar heraus, dass es Ihre Entlassung bedeuten kann, wenn Sie mit ein paar ansteckenden Arschlöchern zusammengepfercht sind: »Für Angestellte steigt die Gefahr um 150 Prozent, wegen toxischen Verhaltens gekündigt zu werden, wenn sich ihr Arbeitsplatz in einem toxischen Bereich mit dicht aufeinanderhockenden Angestellten befindet.«

Die »Abwehr durch Distanz«-Taktik gilt für Ihren Sitzplatz an öffentlichen Orten wie auch bei Meetings. Wenn Sie im Kino, im Restaurant, in einem Flugzeug oder in einem Bus neben aggressiven oder betrunkenen Wichsern sitzen, sollten Sie alles Menschenmögliche tun, um ihnen und ihren feindseligen Spielereien zu entkommen. Zwischen sich und amtlichen Arschlöchern Distanz zu schaffen kann Ihnen helfen, gesellige Treffen, politische Benefizveranstaltungen oder Meetings gemeinnütziger Organisationen, am Arbeitsplatz oder an anderen Orten zu überstehen.

Letztes Jahr traf ich einen mürrischen, aber dennoch charmanten Ingenieur, der stolz darauf war, fünfzehn harte Jahre bei Apple durchgestanden zu haben. Eines der Geheimnisse seines Erfolgs bestand darin, dass er zu dem verstorbenen Steve Jobs Abstand gehalten hatte. Der Ingenieur berichtete, dass es, auch wenn Steve Jobs im Lauf der Jahre milder wurde, kein Mythos gewesen sei: Er gehörte zu den vielen Apple-Mitarbeitern, die es vermieden, mit Jobs im Aufzug zu fahren, weil er keine Lust hatte, ausgefragt zu werden oder letztlich wochen- oder monatelang Überstunden machen zu müssen. Und wenn sich sein Team mit Jobs traf, vermied er es, neben ihm zu sitzen, denn »je näher man Jobs kam, desto größer war die Wahrscheinlichkeit, dass einem etwas Schlimmes passierte«.

Abtauchen

Natürlich kann man manchmal Interaktionen mit Arschlöchern nicht vermeiden. Aber wenn Sie aufmerksam sind – ja, sogar etwas raffiniert –, können Sie einschränken, wie oft und wie lange Sie dem Gift ausgesetzt sind. Das fand Pamela Lutgen-Sandvik von der North Dakota State University heraus, als sie sich mit Mobbing am Arbeitsplatz[6] beschäftigte. Die Opfer, die Pam interviewte, bezeichneten dies als »Abtauchen«, und viele machten fast eine »Kunstform« daraus. So arbeitete zum Beispiel die Vizepräsidentin eines Unternehmens für Sportangeln für einen Chef in einem vollverglasten Büro, in dem »die ständige Dauerüberwachung wohlüberlegt war« und der Chef »den lieben langen Tag herumschreien und brüllen« konnte. Die Vizepräsidentin sagte: »Die Adern traten auf seiner Stirn hervor; er spuckte Gift und Galle gegen jeden, der ihm begegnete, stieß Drohungen gegen jeden aus, und zwar während der gesamten Zeit meiner Firmenzugehörigkeit.« Sie schränkte den Kontakt ein, indem sie so gut wie möglich dem Büro fernblieb. »Man lernt, nicht zu häufig bei der Arbeit aufzukreuzen, trifft Arrangements, um an Meetings nicht teilzunehmen. Sie haben einfach zu viel um die Ohren, um ins Büro zu gehen.«[7]

Strategien des Abtauchens sind besonders von Nutzen, wenn es darum geht, Langzeitdilemmata zu umschiffen. Derlei Strategien haben mir zweifellos geholfen. Jahrelang hatte ich eine Kollegin am Hals, die ich für engherzig und narzisstisch hielt. Es war mir ein Gräuel, an den von ihr geleiteten Meetings teilzunehmen. Einzelgespräche mit ihr fand ich sogar noch qualvoller. Sie war gänzlich ichbezogen, was sich, wie einer meiner Professorenkollegen feststellte, folgendermaßen zeigte: Sie begann das Gespräch zwar immer ganz zwanglos, indem sie ihr Gegenüber fragte, wie es ihm gehe, lenkte jedoch nach weniger als zwei Minuten das Gespräch stets auf all die Bereiche, in denen sie sich so brillant hervortat.

Ich hatte noch nie jemanden getroffen, der derart den Mund voll nahm. Ich fühlte mich abgestoßen von ihrer ständigen Prahlerei darüber, wie viel Macht sie besitze, wie viele einflussreiche Leute sie kenne, ihrem Gerede über ihre bemerkenswerte Effizienz und Bedeutung und ihre Überlegenheit uns gegenüber. Meiner Meinung nach war sie durch und durch eine falsche Schlange – ständig diskriminierte sie andere, verfolgte sie mit übler Nachrede und unterminierte Rivalen, Kritiker und alle, die sie als Bedrohung ihres Ansehens und ihrer Macht betrachtete. Ich tat mein Möglichstes, um diesen grauenhaften Einzelgesprächen aus dem Weg zu gehen. Außerdem glänzte ich bei den Meetings unter ihrer Leitung hauptsächlich durch Abwesenheit. Aber leider konnte ich nicht alle schwänzen. Doch wenn ihr Verhalten mir Übelkeit bereitete (vergleichbar mit Seekrankheit) oder ich einen Wutanfall von ihr voraussah, verließ ich das Meeting oft vorzeitig ohne Erklärung (was mindestens zwanzig Mal vorkam). Es erschien mir besser zu schweigen, als zu lügen. Schließlich erkannte ich, dass andere Kollegen ähnliche Taktiken anwandten. Einige beschränkten den Kontakt mit ihren Unverschämtheiten, indem sie sehr spät bei den Meetings auftauchten. Ich konnte mich nicht dazu überwinden, da meine Mutter mir beigebracht hat, bei allem absolut pünktlich zu sein (auch wenn dies nicht immer die beste Strategie ist). Mir half es, bei Verstand zu bleiben, indem ich die Versammlungen früh und oft verließ.

Verlangsamen Sie den Rhythmus

Der Umgang mit Arschlöchern verläuft bisweilen so, als hätte man es mit einem Welpen zu tun. Wenn dieser an Ihren teuren neuen Schuhen herumknabbert und Sie »Nein!« schreien, wird dies nicht als Bestrafung angesehen. Ja, Sie sind aufgebracht wegen der Schuhe, aber dieser Welpe mag die Aufmerksamkeit. Ihr Gebrüll zieht nur noch mehr schlechtes Benehmen nach sich, wie ich es bei meinem Hund Bugsy erlebt habe. Dieser niedliche kleine Köter hat meine 400-Dollar-Brille kaputtgemacht und den Inhalt eines schwarzen Kugelschreibers auf meinem hellbeigen Teppich verteilt. Einige Arschlöcher weiden sich auf ähnliche Weise an Ihrer Qual wie Bugsy sich über mein Geschrei zu freuen schien. Wenn sie etwas tun, das eine starke

Reaktion bei Ihnen hervorruft – sei es übertriebene Unterwürfigkeit, überschwängliche Entschuldigungen, angstvolles Zittern, ein Tränenausbruch oder das Abschicken dieser langen, sorgfältig formulierten Mail, die zu verfassen Sie eine Stunde gekostet hat und mit der Sie auf einen angeblichen Notfall reagiert haben –, leuchten die Lustzentren in ihrem verdrehten Gehirn auf.

Wenden wir uns einer Gehirn-Scanning-Studie des Psychologen Benjamin Lahey und seiner Kollegen von der University of Chicago zu. Sie verglichen Jugendliche mit einer »aggressiven Verhaltensstörung«[8] (die z. B. gestohlen, gelogen, mutwillig Dinge zerstört und andere schikaniert hatten) mit einer Kontrollgruppe von Jugendlichen, die nichts dergleichen getan hatten. Als die Wissenschaftler den Rüpeln Bilder von Personen zeigten, die Schmerz empfanden, weil ihnen zum Beispiel ein Hammer auf den Zeh gefallen war, leuchteten die Lustzonen ihrer Gehirne auf (was bei den Jugendlichen in der Kontrollgruppe nicht der Fall war). 2008 erklärte Lahey gegenüber *National Geographic:* »Wir glauben, es bedeutet, dass sie es genießen, Menschen leiden zu sehen« und »sie werden jedes Mal, wenn sie andere Menschen schikanieren und beleidigen, positiv bestärkt.«

Die Wissenschaftler betonen, dass ihre Erkenntnisse vorläufiger Natur sind, aber Internet-Trolle scheinen ähnliches Gefallen an derart makabren Vergnügungen zu finden. 2016 erklärte die erfahrene Online-Community-Managerin Jessamyn West gegenüber dem *Guardian:* »Das Trollen wird von Leuten praktiziert, die glauben, es sei ihre Aufgabe, herauszufinden, welchen Knopf man bei jemandem drücken muss, und dann genau diesen drücken.« Dasselbe scheint für Rüpel auf dem Schulhof und am Arbeitsplatz zu gelten – Ihr offensichtlicher Schmerz bereitet ihnen Vergnügen. Und jedes Mal, wenn sie diesen Schmerz provozieren, werden sie darin bestärkt, Sie noch mehr zu plagen.

Wie ich in Kapitel 3 erwähnte, ist es oft am besten, einfach den Kontakt mit solchen Arschlöchern abzubrechen oder sie zu ignorieren. Leider ist das nicht immer möglich. Aber wenn Sie herausfinden, wie sich die Häufigkeit der Kommunikation so gut wie möglich einschränken lässt – und wie Sie Ihren Peiniger so gut wie möglich aufhalten und zurückweisen können –, kann Ihnen dies helfen, solche Wichser zu ertragen und sogar zu bessern. Eine ehemalige Doktorandin, die von einem aggressiven, launischen und ungeheuer anspruchsvollen Doktorvater schikaniert wurde, erklärte mir, wie es ihr gelang, die Anspannung durch eine Taktik der Verlangsamung zu lindern, um mehrere schwierige Jahre zu überstehen. Wenn ihr Doktorvater ihr erniedrigende Mails schickte oder zu unpassender Zeit anrief (z. B. um zwei Uhr morgens), um sie anzuschnauzen und zu kritisieren, reagierte sie anfangs noch sofort. Doch das führte nur zu weiteren Schikanen, weil ihr Doktorvater die gewünschte Aufmerksamkeit erhielt, was wiederum sein schlechtes Benehmen noch verstärkte – genau wie bei jenen Teenagern in Professor Laheys Experiment leuchteten die Lustzentren in seinem Gehirn auf. Im Lauf der Jahre lernte die Doktorandin, zunehmend langsamer zu reagieren. Sie ließ Stunden, ja Tage und dann sogar Wochen verstreichen, bevor sie antwortete. Selbst wenn der Doktorvater ihr eine Reihe unflätiger und beleidigender Mails schickte, wartete sie zwei bis drei Tage ab, manchmal sogar länger, las sie dann alle auf einmal und schickte ihm anschließend eine einzige wohlüberlegte Antwort. Obwohl der Doktorvater unverändert aggressiv blieb, bombardierte er sie mit der Zeit mit immer weniger Mails, rief auch seltener an – und dann zu zivilisierteren Zeiten.

Ein weiterer Vorteil der hinausgezögerten Antwort bestand darin, dass die Doktorandin Zeit fand, sich zu beruhigen – der Versuchung zu widerstehen, gehässig zu antworten. Dadurch vermied sie einen Teufelskreis von ausufernden Beschimpfungen und Beschuldigungen. Diese Doktorandin wandte eine ähnliche Taktik an, wenn es darum ging, regelmäßige persönliche Treffen abzuhalten: Langsam und kontinuierlich »trainierte« sie ihren kleinlichen Mentor darauf, von wöchentlichen auf zweiwöchentliche und schließlich auf monatliche Meetings überzugehen. Diese Studentin, inzwischen ordentliche Professorin an einer renommierten Universität, glaubt, dass sie ohne diese und viele andere Tricks, die den Kontakt zu ihrem »völlig bescheuerten Doktorvater« begrenzten, niemals ihren Doktorgrad erworben, einen tollen Job gefunden oder ihren Verstand bewahrt hätte. Diese »Rhythmusmethode« kann all denen helfen, die von derartigen kontrollsüchtigen Vergnügungshungrigen bestürmt werden: Versuchen Sie, alles langsamer anzugehen, sorgen Sie, so gut Sie können, dafür, dass der oder die andere sich windet und leidet, und trainieren Sie ihn oder sie darauf, sich zurückzuhalten und abzuwarten. Vielleicht hört Ihr Gegenüber dann auf, Sie zu piesacken und richtet seine Aufmerksamkeit auf ansprechbarere und folglich befriedigendere Ziele.

Die Verlangsamung des Rhythmus empfiehlt sich auch während Interaktionen mit aggressiven Kunden und Auftraggebern. In den 1990er-Jahren führte ich eine ethnografische Untersuchung über die Mitarbeiter von Telefoninkassogesellschaften durch. Ich selbst wurde als Geldeintreiber eingearbeitet und verbrachte eine Woche damit, bei Schuldnern anzurufen, die mit ihren Master-Card- oder Visa-Zahlungen im Rückstand waren. Dann verbrachte ich Monate damit, die echten Schuldeneintreiber zu beobachten und zu interviewen.[9] Man vermittelte uns: Je wütender der Schuldner war – je mehr er brüllte, fluchte oder uns beschimpfte –, desto längere Pausen sollten wir einlegen, bevor wir Fragen beantworteten, und desto langsamer und ruhiger sollten wir sprechen. Ein Vorgesetzter erklärte mir: »Wenn Sie immer leiser sprechen, muss Ihr Gesprächspartner innehalten und zuhören, weil er sonst kein Wort von dem hört, was Sie sagen. Je lauter Sie werden, desto lauter wird Ihr Gesprächspartner. Und wenn Sie beginnen, Ihren Ton zu mäßigen, wird er es Ihnen gleichtun.«[10]

Die besten Geldeintreiber zeichneten sich dadurch aus, dass sie den Rhythmus und den Ton sogar der aggressivsten, unverschämtesten und kleinlichsten Schuldner veränderten. Ich hörte mir zahllose Anrufe an, bei denen ein Schuldner eine Minute lang oder länger einen erfahrenen Schuldeneintreiber anbrüllte. Dieser hüllte sich eine Weile in Schweigen und sprach dann langsam und gemessen (wobei er beruhigende Worte benutzte). Der Schuldner brüllte erneut los, doch der Geldeintreiber sprach erneut langsam, leise und beruhigend mit ihm. Innerhalb von höchstens zehn Minuten mäßigten sich die meisten Schuldner und wurden netter. Häufig entschuldigten sie sich, bezahlten die überfällige Rechnung oder taten beides.

Sich aus der Schusslinie begeben

Eine Art, wie Arschlöcher bei anderen das Gefühl hinterlassen, verachtet und erniedrigt zu werden, besteht darin, sie als Mensch zu ignorieren, sie so zu behandeln, als wären sie unsichtbar. Eine klassische miese Verhaltensweise besteht darin, jemanden wie ein Möbelstück zu behandeln, das man benutzt, und nicht wie einen Menschen, den man akzeptiert – kein Blickkontakt, kein Lächeln, kein Dank, keine Verbindung irgendwelcher Art.

Aber Unsichtbarkeit ist ein zweischneidiges Schwert. Sie vermittelt einen gewissen Schutz, denn manchmal ist es bei Weitem schädlicher, die Aufmerksamkeit eines Wichsers zu erregen, als von ihm ignoriert zu werden. Einige Arschlöcher bemerken Sie nur dann, wenn sie glauben, dass Sie etwas Falsches oder Anstößiges getan haben. Oder sie sind aus anderen Gründen aufgebracht, ängstlich, unsicher oder deprimiert – und Sie dienen als geeigneter Sündenbock für ihre Übellaunigkeit. So können Personen, die in engem Kontakt mit Arschlöchern stehen (oder eines oder zwei am Hals haben), davon profitieren, wenn sie die Kunst beherrschen, anwesend zu sein, ohne von potenziellen Peinigern bemerkt zu werden.

Dies ist in etwa vergleichbar mit jenen Tieren, welche die Farbe und Form ihres Umfelds annehmen, um nicht in das Gesichtsfeld von Raubtieren zu geraten. Wie die Polarfüchse, deren Fell bei Schnee die Farbe Weiß annimmt und im Sommer braun oder grau wird, um sich der Tundra anzupassen. Oder wie die Dekorier-Spinnenkrabben, an denen zur Tarnung Seegras, Algen, Steine oder Schwämme kleben. Menschen, die für Arschlöcher unsichtbar sein wollen, bedienen sich verschiedener Arten der Tarnung, doch auch für sie ist es hilfreich, mit dem Hintergrund zu verschmelzen. Sie schweigen, wenn andere reden. Sie sind langweilig, während andere interessant sind. Sie versuchen, eine Arbeit zu verrichten, die weder schlecht noch besonders gut ist, sondern irgendwo in der Mitte. Sie kleiden sich unauffällig – so wie alle anderen, aber mit etwas weniger Pep. Sie verstecken sich hinter banalen Äußerungen. Ihr Ziel ist es, sich bedeckt zu halten, keine Wellen zu schlagen, unsichtbar zu werden und durchs Raster zu fallen.

Denken Sie an das Sicherheits-Screening am Flughafen. Es ist unangenehm. Gewöhnlich ist der Flughafen überfüllt und laut, und man ist umgeben von gehetzten und freudlosen Menschen. Es gilt, verwirrende Regeln strikt zu befolgen; Fremde wühlen in Ihren intimsten Habseligkeiten herum; stupsen Sie, tasten Sie ab, und Sie laufen Gefahr, den Flieger zu verpassen, festgehalten zu werden und vielleicht sogar hinter Gitter zu wandern. Wenn erfahrene Sadisten eine Methode konzipieren wollten, um temporäre Arschlöcher zu züchten, würde es ihnen schwerfallen, sich Schlimmeres einfallen zu lassen als das, was die U.S.-Transportation Security Administration (TSA) Passagieren antun muss. Natürlich müssen andererseits die von der TSA angestellten Sicherheitsbeamten eine Menge Arschlöcher abfertigen. Sie haben es nicht nur mit einer endlosen Schlange von häufig verärgerten Passagieren zu tun, sondern sie stehen auch unter der strengen Aufsicht ihrer TSA-Vorgesetzten, die darauf bestehen, dass sie Regeln und Abläufe genauestens befolgen, dafür sorgen, dass die Schlange kürzer wird und sie sich gegenüber Passagieren höflich (zumindest nicht barsch) verhalten.

2011 interviewten die Wissenschaftler Michel Anteby und Curtis Chan von der Harvard Business School 89 TSA-Mitarbeiter, um zu erfahren, wie ihre Arbeit strukturiert war, welchen Druck die Transportsicherheitsbeauftragten (TSOs) spürten und wie sie mit der gleichzeitig anstrengenden und langweiligen Arbeit umgingen.[11] Anteby und Chan fanden heraus, dass ein Merkmal der Arbeit der TSOs darin bestand, dass sie zwar gesehen wurden, aber dennoch unbemerkt blieben. TSA-Manager beobachteten aus nächster Nähe, was TSOs taten (die Manager behielten sie mithilfe von Videomonitoren, die mit sechs oder sieben Überwachungskameras verbunden waren, direkt im Auge). Und Vorgesetzte griffen häufig ein, um TSOs zu korrigieren oder ihnen zu helfen.

Doch Anteby und Chan fanden heraus, dass die TSA-Manager trotz dieser intensiven Überwachung die TSOs weniger als Individuen oder fühlende Menschen sahen, sondern sie häufig nur aus betriebswirtschaftlicher Sicht wahrnahmen. Die TSOs sahen sich selbst als »unsichtbare und austauschbare Angestellte an, die ihrerseits eine ähnlich unsichtbare und austauschbare Masse von Reisenden«[12] kontrollierten, die gerade in der Menge untertauchten.

Anteby und Chan erfuhren, dass viele TSOs diese »Unsichtbarkeit« als etwas Gutes erachteten und selbst versuchten »unterzutauchen«. Bemerkt zu werden bedeutete oft Ärger, denn es folgten Maßregelungen, die Zuweisung von schwierigen und emotional anspruchsvollen Rollen, schriftliche Warnungen seitens des Managements, vorübergehende Suspendierungen oder sogar Kündigungen. Also entwickelten die TSOs Verhaltensweisen, um »unauffällig zu bleiben«. Sie wendeten Strategien des Untertauchens an, einschließlich der Inanspruchnahme von Extrapausen, wenn wenig los war, und verschwanden so oft wie möglich im WC. Obwohl die TSOs rein theoretisch alle dreißig Minuten ihren Standort wechselten, um die Langeweile zu vertreiben, lernten einige von ihnen, in Zonen zu verweilen, die weniger Interaktion miteinschlossen und etwas mehr Distanz zu den Passagieren – auch wenn sie für diese immer noch sichtbar waren. So erfordert die Position eines Beamten, der die Passagiere berührt und durchsucht, engen und unangenehmen Kontakt mit selbigen – die, laut Anteby und Chan, gereizt waren und manchmal sogar Wutausbrüche hatten. Demgegenüber kommt es beim Scannen des Gepäcks nicht zu einem Kontakt mit den Passagieren – die TSOs beobachten den Monitor, um festzustellen, ob deren Gepäck etwas Verdächtiges enthält. Einer von ihnen erklärte: »In diesem Bereich haben Sie eine kleine Pause von den Passagieren, da Sie nichts mit ihnen zu tun haben.«[13]

Weitere von TSOs angewandte Strategien bestanden im Herunterspielen »ihres Selbst«. Einige TSOs leisteten bewusst keine besonders gute Arbeit, weil sie glaubten, dass es zu viele Risiken berge, als Individuum wahrgenommen statt als anonymes Rädchen im Getriebe gesehen zu werden.

Andere gingen Gesprächen über ihr Privatleben mit Vorgesetzten und anderen TSOs aus dem Weg, um ein anonymer und austauschbarer TSO zu bleiben und nicht als interessante Person aufzufallen. Wiederum andere gaben vor, auf Gespräche über den Job oder Privates unter den Vorgesetzten oder den Passagieren nicht zu achten, um sicherzugehen, dass sie nicht auffielen und in Ruhe gelassen wurden. Anteby und Chan stellten fest, dass TSOs manchmal aber auch versuchten, die Aufmerksamkeit auf sich zu lenken. Einige prahlten zum Beispiel mit den positiven »Kommentarkarten«, die ihnen Passagiere ausstellten, die ihre Professionalität lobten. Doch Aufmerksamkeit zu erregen barg erhebliche Gefahren, zum Teil deshalb, weil die TSOs Mühe hatten, gleichbleibend gute Leistungen zu erbringen.

Wie Anteby und Chan aufzeigen, benutzen Menschen, die Strafen seitens der Vorgesetzten fürchten, schon seit Langem die Unsichtbarkeit als Tarnumhang. Diese Thematik steht auch im Mittelpunkt von wissenschaftlichen und journalistischen Berichten über andere Berufszweige wie Fließbandarbeiter, Ingenieure, Kellner, Krankenschwestern und Polizisten. Und wenn Sie aufmerksam und geduldig sind, verschafft Ihnen die Unsichtbarkeit manchmal Zugang zu Informationen, die es Ihnen ermöglichen, im Fall von einflussreichen Arschlöchern den Spieß umzudrehen. Zu Beginn der 1990er-Jahre führten Charlie Galunic (heute Professor an der INSEAD, einer Business School in Frankreich) und ich ein faszinierendes Interview mit Bob Demmons, der, als er 1974 dort angestellt wurde, zu den wenigen Afroamerikanern im San Francisco Fire Department gehörte. Obwohl Demmons dafür ausgebildet war, Feuer zu bekämpfen, wurde er bald dem Abteilungsleiter als Fahrer zugeteilt – ein erniedrigender Job, der stereotyp Afroamerikanern vorbehalten war. In dieser Rolle besuchte Demmons viele Male jede einzelne Feuerwache in der Stadt. Er war auch Zeuge vieler Gespräche, bei denen der Chef und viele weitere einflussreiche Stadtbeamte Demmons Anwesenheit einfach vergaßen, während sie sich über heikle Themen und manchmal zweifelhafte Aktionen unterhielten.

Demmons ähnelte der Hauptfigur in Ralph Ellisons berühmtem Roman *Der unsichtbare Mann* (1952), in dem die ethnische Zugehörigkeit eines Afroamerikaners diesen aus gesellschaftlicher Sicht für andere unsichtbar machte. Als Charlie und ich Demmons interviewten, erklärte er uns, dass es ihm zu schaffen gemacht hatte, für den Chef als Fahrer zu fungieren, es letztlich jedoch für ihn und andere Minderheiten, darunter auch Frauen, von Nutzen gewesen sei. Von hochrangigen Personen, die seine Anwesenheit ignorierten, erfuhr und hörte er viel über das San Francisco Fire Department – darunter auch viel Mist –, was ihm half, ein effizienter Anführer bei einem langwierigen Kampf gegen Diskriminierung im Department zu werden. Letztlich spielte er als Chef der Black Firefighters Association eine Schlüsselrolle bei den Rechtsstreitigkeiten über rassistische Einstellungsverfahren für Minderheiten. 1996 wurde Demmons der erste afroamerikanische Brandmeister von San Francisco.

Demmons' Geschichte zeigt, wie vielschichtig das Phänomen ist, anwesend und trotzdem unsichtbar zu sein. Es verletzte seine Würde, als der unsichtbare Mann behandelt zu werden, der den Feuerwehrchef durch San Francisco chauffierte. Da maßgebende Persönlichkeiten jedoch häufig seine Anwesenheit ignorierten, erfuhr Demmons Dinge, die ihn befähigten, Einfluss zu gewinnen – und letztlich den Kampf um Gerechtigkeit gegen jene, die ihn und andere Minderheiten wie Dreck behandelten (nicht nur Afroamerikaner), zu gewinnen. Sein Wirken war die Grundlage dafür, dass mehr Frauen sowie asiatische und hispanische Feuerwehrleute eine Beschäftigung im Department bekamen.

Menschliche Schutzschilde

Hier geht es darum, »Blockierer« zu finden oder zu rekrutieren, die fähig, willens und sogar erfreut sind, Aggressionen hinzunehmen, die eigentlich anderen zugedacht sind. Es gibt viele Rollen, bei denen es dazugehört, die Kritik von Arschlöchern und anderen schwierigen Menschen auszuhalten. Wie ich in *Der Chef-Faktor* ausgeführt habe, gehört es in den meisten Organisationen – auch wenn sich Schmähungen, Störungen, Verwirrspiele und sonstiger Mist häufig durch alle Hierarchiestufen ziehen – zu den Aufgaben des Managements, »die Kernarbeit der Organisation vor Unsicherheiten und äußeren Störungen zu bewahren«. Das bedeutet, dass »ein guter Chef stolz darauf ist, als menschlicher Schutzschild zu dienen, indem er den Druck von Vorgesetzten und Kunden auffängt und abwendet, alle möglichen langweiligen und unsinnigen Aufgaben übernimmt und jedem Idioten und jeder Beleidigung, die unfair sind und seinen Schützlingen das Leben schwerer als nötig machen, die Stirn bietet«.[14]

Sie können also Ihren Kontakt einschränken, indem Sie Chefs finden, die den Willen und die Fähigkeit besitzen, ihre Schutzbefohlenen vor Arschlöchern und Idioten zu schützen. Um dies zu verdeutlichen: Der CEO ist in den meisten Unternehmen und gemeinnützigen Organisationen nicht wirklich der Chef, sondern muss sich gegenüber dem Vorstand verantworten. Gute CEOs schützen Mitarbeiter, Kunden und Investoren vor Idioten im Vorstand. Erinnern Sie sich an den Silicon-Valley-CEO, den ich zu Beginn von Kapitel 1 zitierte und der sich erkundigte, wie man mit unbedarften und engstirnigen Vorstandsmitgliedern und Vorständen (Aufsichtsratslöchern) sowie mehreren widerlichen Mitgliedern (Aufsichtsidioten) umgeht. Wir trafen uns bei einem Glas Wein, um uns über diese Herausforderung zu unterhalten. Bei einem früheren Unternehmen, bei dem er ebenfalls als CEO fungierte, hatte er einen aufgeblasenen und aggressiven Vorgesetzten, den er den »Ideen-Mann« nannte. Dieser Direktor sprudelte nur so über von ständig neuen Ideen, von Geschäftsstrategien bis zu Personalpraktiken, von kleinen Änderungen bis zu massiven Produktumstellungen. Häufig verlangte er vom CEO, seine Ideen mit seinem Team umzusetzen oder zumindest beträchtliche Zeit für deren Beurteilung aufzuwenden – obwohl dies unnötige Ablenkungen und Stress in der Firma mit sich brachte. Nach Meinung des CEO waren die meisten Ideen des Ideen-Manns unbrauchbar. Der CEO setzte gelegentlich einige der besseren und weniger störenden Ideen dieses Idioten um (»ab und zu ein saftiger Knochen, um ihn zu besänftigen«), lehnte jedoch im Übrigen regelmäßig dessen Ideen ab und legte sich sogar, wenn erforderlich, mit dem Idioten an. Um die psychische Stabilität seiner Leute und die Produktivität des Unternehmens zu gewährleisten, ignorierte oder wehrte er vor allem die meisten Anfragen des Ideen-Manns nach Einzelgesprächen mit Mitarbeitern ab. Diese Art von menschlichem Schutzschild hätte man gern an seiner Seite.

Ich tauschte viele Mails mit dem Leiter der Sportmedizin an einer großen Universität, der stolz darauf war, seine Leute vor aggressiven und rachsüchtigen höheren Verwaltungsbeamten zu schützen. Er äußerte folgende klugen Worte darüber, was es erfordert, ein effektiver Schutzschild zu sein: »Ich sage den Leuten, die für mich arbeiten, immer dasselbe: Meine Aufgabe ist es, den Schirm aufzuspannen, damit euch die Scheiße von oben nicht trifft. Eure Aufgabe besteht darin, mich davon abzuhalten, ihn benutzen zu müssen.« Wie ich 2010 in der *Harvard Business Review* schrieb, »wählte er seine Streitigkeiten sorgfältig aus, denn wenn er sich den Ruf als ewiger Nörgler erwarb oder noch schlimmer – wenn er dafür gefeuert wurde –, würde er niemanden mehr schützen können. Also bat er seine Mitarbeiter, es zu vermeiden, unsinnige Universitätsregeln und Abläufe zu umgehen oder zu verletzen oder Universitätsangestellte zu verärgern, es sei denn, dies war für ihren Erfolg oder ihre Würde erforderlich.«

Chefs sind nicht die Einzigen, von denen verlangt wird, sich mit der Kritik engherziger Kollegen, Kunden, Studenten, Gemeindemitglieder, Reporter, Wähler oder Spender auseinanderzusetzen und sie aufzufangen. Unternehmen, Behörden, Arbeits- und Sportteams sowie Online-Communitys setzen Personen – manchmal auch Außenstehende – als menschliche Schutzschilde ein. Der Schriftsteller Tom Wolfe schrieb über die Schutzkräfte stumpfsinniger Staatsbeamter, die er als »Flak-Catcher« bezeichnete. Er schilderte, wie sie dem Druck von wütenden und einschüchternden Wählern standhielten, die plötzlich hereinplatzten und auf einem Treffen mit den Stadtoberen von San Francisco bestanden, und sie beruhigten. Paul Friedman von der University of Kansas erklärte, Flak-Catcher seien »Blitzableiter« und »Streitschlichter«[15], »die die Aggressionen unzufriedener Personen auffangen.«[16] Derartigem Druck standzuhalten gehört zum Job von Empfangsdamen, Chefassistenten, Wachleuten; Sprechern von Unternehmen, Universitäten und politischen Kampagnen; Personen, die in Beschwerdestellen arbeiten, und Türstehern.

Auch erfahrene Zahnhygieniker spielen diese Rolle. Eine 2013 bei fast 2000 finnischen Zahnärzten durchgeführte Untersuchung ergab, dass die Zahnärzte, wenn sie eng mit ihren Zahnarzthelferinnen zusammenarbeiteten, weniger Druck empfanden, ihren Patienten Gefühle vorzugaukeln, und bessere Arbeit leisteten. Die Wissenschaftler vermuten, dass dies zum Teil daran liegt, dass eine erfahrene Zahnarzthelferin (die gewöhnlich die Patienten noch vor dem Zahnarzt und sie zudem oft häufiger sieht) diesen vor schwierigen und anspruchsvollen Patienten schützen kann. Mit anderen Worten: Sie fangen die Aggression des Patienten auf und beruhigen ihn, sodass die Zahnärzte sich nicht darum kümmern müssen.[17]

Der Umgang mit Streitereien ist ein expliziterer Teil anderer Rollen. Ich interviewte einen Disney-Manager (er bat darum, anonym zu bleiben), der die Angestellten oder »Mitwirkenden« von Disneyland in Bezug auf die Besucher als »Vollzeit-Arschloch-Betreuer« bezeichnete: ein bisschen viel verlangt, wenn man bedenkt, dass der offizielle Werbeslogan von Disneyland lautet, dass es »der wundervollste Platz auf Erden ist«. Wenn ein Gast unhöflich oder wütend ist, laut flucht oder sichtbar aufgebracht ist, versuchen die Mitwirkenden nicht nur, ihn zu beruhigen, sondern sind auch erfahren darin, den Kontakt anderer Besucher zu solcher Böswilligkeit, die so gar nicht dem Geist von Disneyland entspricht, abzublocken. Der Manager hob hervor, den Mitwirkenden werde beigebracht, dass es äußerst wichtig sei, unzufriedene Besucher von den anderen zu trennen, da negative Gefühle sehr ansteckend sind. Angestellte überreden verärgerte und wütende Besucher, in weniger überfüllten Ecken oder Bereichen des Parks mit ihnen zu reden. Besonders ausgeflippte Besucher werden in einen »Abkühlraum« in der City Hall von Disneylands Main Street geführt. Hier können sie ihre Anliegen vortragen, sich darüber auslassen und sich beruhigen, ohne die anderen Besucher anzustecken (in der City Hall ist auch die Beschwerdestelle untergebracht, also ist dies vermutlich der trostloseste Platz in Disneyland).

Schließlich können Sie mit Kollegen zusammenarbeiten, um zwischen Rollen zu wechseln, die einen häufigen oder seltenen Kontakt mit Arschlöchern erfordern. Auf diese Weise bekommt jeder von Ihnen seinen »gerechten Anteil an Aggressionen«, um es mit den Worten der Rolling Stones auszudrücken (und auch Erleichterung davon). Manchmal ist dieser Rollentausch ein fester Bestandteil standarisierter Abläufe – aber hüten Sie sich vor Abläufen, die unfair sind, besonders Ihnen gegenüber! Erinnern Sie sich daran, dass die Taktik der Transport-Sicherheitsbeauftragten (TSOs) in der von Michel Anteby und Curtis Chan durchgeführten Studie darin bestand, alle dreißig Minuten ihre Position zu wechseln – um die Langeweile zu mindern und weil einige Jobs (wie zum Beispiel das Abtasten von Fluggästen) den engen persönlichen Kontakt mit Passagieren miteinschlossen, und zwar auf eine Weise, die sie nervte und manchmal sogar erzürnte. Leider zeigte die Untersuchung von Anteby und Chan auch auf, dass weibliche TSOs viel häufiger als männliche schwierige Rollen übernehmen mussten, die den intensiven Kontakt mit Arschlöchern erforderten (vor allem das Abtasten der Personen). Und einige Vorgesetzte bestraften manchmal Frauen, die versuchten, sich Extrazeit zu nehmen, um sich zu erholen. Also hüten Sie sich davor, Teil von unfairen Systemen zu werden, sie zu unterstützen oder zu konzipieren, Teil von Systemen, die manchen Personen mehr Erleichterung verschaffen als anderen.

Sie können auch informelle Vereinbarungen mit anderen treffen, damit jeder (mehr oder weniger) seinen fairen Anteil an Aggressionen abbekommt. Zahlreiche Anwälte, Buchhalter und Managementberater haben mir berichtet, dass sie sich abwechseln, wenn sie es mit schwierigen Klienten zu tun haben. (Ein Berater bemerkte: »Nun, heute Abend bin ich beim Dinner an der Reihe, neben unserem Großkunden und Star-Arschloch zu sitzen.«) Ähnlich wechseln sich Kellner in einem Restaurant ab, wenn sie es mit Gästen zu tun haben, die wenig Trinkgeld geben, extrem anspruchsvoll oder sogar unverschämt sind. Als ich als Teenager in einer heute nicht mehr existierenden Pizzeria, der MBJ Ranch Room in Palo Alto, arbeitete, tauchte fast jeden Abend gegen zwanzig Uhr eine unausstehliche Betrunkene namens »Crazy Mary« auf. Sie fluchte, geiferte und spuckte beim Reden. Sie brauchte eine Ewigkeit, bis sie ihre Bestellung aufgegeben hatte, und dann meckerte sie gewöhnlich über das Essen – die Portion sei zu klein, zu teuer, oder auf der Pizza sei zu viel Soße. Keiner von uns wollte Crazy Mary bedienen, aber jemand musste es tun. Mein Kollege Arnie fand eine faire Lösung: Wenn sie auftauchte, spielten wir zwei oder drei Kollegen schnell in der Küche Schnick, Schnack, Schnuck. Der Verlierer nahm Marys Bestellung auf und hörte sich an dem Abend ihre Klagen an.

Rückzugsräume

Der angesehene Soziologe Erving Goffman beschrieb den Alltag als vergleichbar mit einer Theaterbühne, wo wir alle unsere Rollen einnehmen – öffentliche »Darstellungen unserer Selbst«. Aber wie beim Theater gibt es »Backstage-Bereiche«, wo wir uns verstecken, uns auf die Ansprüche und Wünsche unseres Publikums vorbereiten und von ihnen erholen können.[18]

Personen, die Rollen aller Art »spielen«, benutzen Backstage-Bereiche, um den Kontakt zu Arschlöchern und anderen anstrengenden Personen zu reduzieren, sich auf Begegnungen vorzubereiten oder sich davon zu erholen sowie Kollegen Unterstützung zuteilwerden zu lassen und selbst welche zu erhalten.

Zum Beispiel erfüllt das Schwesternzimmer all diese Funktionen. Als mein Kollege Dan Denison und ich eine Woche in einem Hospital in Michigan verbrachten, um OP-Schwestern zu beobachten und zu interviewen, stimmte das, was wir sahen und hörten, mit Studien überein, die besagten, dass Krankenschwestern zu der Berufsgruppe zählen, die den meisten Schikanen ausgesetzt ist. Sie werden von allen Seiten getadelt, beschimpft, unter Druck gesetzt und erniedrigt – die Aggression kommt von Patienten, den Familien der Patienten, Kolleginnen, der Klinikverwaltung und natürlich von den Ärzten (speziell von Chirurgen). Die Schwestern, über die wir eine Studie durchführten, wurden erniedrigt und sexuell belästigt. Wie ich in *Der Arschloch-Faktor* schrieb, gaben wir einem Chirurgen den Spitznamen »Dr. Geil«, nachdem wir beobachtet hatten, wie er auf dem Flur einer Schwester hinterherlief und versuchte, sie in den Hintern zu kneifen.[19] Unmittelbar nach diesem Vorfall versuchten Dan und ich, mehreren Schwestern ins Schwesternzimmer zu folgen, um mit ihnen über Dr. Geil und andere Themen zu reden. Aber sie erklärten uns, dass NIEMAND außer den Schwestern Zugang zu diesem Zimmer habe – nicht die Ärzte, nicht die Verwaltungsangestellten und schon gar nicht Wissenschaftler.

Backstage-Bereiche sind manchmal zweckbezogene private Bereiche, wie das Schwesternzimmer. Auch Lehrerzimmer, in denen die Pädagogen Entspannung und Erholung von den Schülern finden, zählen dazu. »In »Greenrooms« (Aufenthaltsräumen für Künstler), die für gewöhnlich nicht grün sind, sind Fernsehgäste und andere Darsteller vom Publikum getrennt. Und schließlich gibt es noch diesen »Abkühlraum« in der City Hall von Disneyland – was besonders gut zu Goffmans Theateranalogie passt. Disney bezeichnet die Bereiche, die von »Gästen« aufgesucht werden, als »Onstage«-Bereiche. Hier wird von den »Mitwirkenden« (Darstellern) wie Pförtnern, Bedienern von Fahrgeschäften und »Darstellern« von Mickymaus und Schneewittchen verlangt, dass sie sich entsprechend der jeweiligen Figur verhalten. Lediglich backstage dürfen sie essen, mit Kollegen scherzen und dergleichen oder kurzfristig ihre Rolle ablegen. Die meisten Backstage-Bereiche sind den Disney-Angestellten vorbehalten; eine Ausnahme bildet der »Abkühlraum«.

Die »Crying-Rooms«, die Gäste im Mitsui Garden Hotel Yotsuya in Tokio mieten können, sind ein besonders deutliches und seltsames Beispiel eines Raums, der für Entspannung und Erholung von Arschlöchern und anderen Problemen vorgesehen ist. Diese Räume sollen sichere Zufluchtsorte für junge weibliche Gäste sein, um Stress abzubauen, indem sie »sich dort die Augen ausheulen« können. 2015 erklärte ein Hotelsprecher gegenüber der *Time*, dass diese Spezialräume für ungefähr 85 Dollar »mit Kleenextüchern, warmen Augenmasken und ungefähr einem Dutzend Liebesschnulzen ausgestattet« seien.

Andere Backstage-Bereiche sind nicht als Rückzugsräume vorgesehen, werden jedoch als solche genutzt. Der örtliche Coffeeshop oder die Bar bieten oft einen sicheren Zufluchtsort vor allen möglichen Arschlöchern am Arbeitsplatz. Korridore, Notausgänge und der Wasserspender dienen ebenfalls als Backstage-Bereiche. Eine Freundin, die Pilotin ist, erzählte mir, dass die Flugbegleiter bei Fernflügen gelegentlich sie und den Co-Piloten im Cockpit aufsuchten, um unter anderem ein paar Minuten Abstand von den Fluggästen genießen zu können (und sich häufig über ein Arschloch auszulassen, das betrunken war, eine Sonderbehandlung verlangte oder die Flugbegleiterin mit grenzwertiger sexueller Belästigung schikanierte).

Zigarettenpausen bieten nicht nur die Möglichkeit, eine zu rauchen. Sie dienen darüber hinaus als provisorische Backstage-Treffen, die Entspannung und Befreiung von den lokalen Arschlöchern bieten. Ich arbeitete zum Beispiel mit Joachim Lyon zusammen, einem Doktoranden an der Stanford University, der ausführliche Ethnografien von zwei Designfirmen in China erstellte. Joachim entdeckte, dass die Designer während der Zigarettenpausen, in denen sie außerhalb des Büros in kleinen Gruppen zusammensaßen, besonders mitteilsam waren, was ihre Probleme und Belange mit anspruchsvollen, aggressiven und unsicheren Kunden anging. Joachim hatte noch nie geraucht (und tut es immer noch nicht!), aber er lernte es, damit er sich während der Pausen in diese Gruppe integrieren konnte.

Obwohl dies nicht der Schwerpunkt von Joachims Forschung war, hörte er während der Zigarettenpausen und anderen Backstage-Ruhepausen ständige Klagen und Witze über Arschlöcher sowie Ratschläge, wie man mit ihnen umging. Joachim beschrieb mir einen besonders widerlichen Kunden, der die Designer »im Grunde genommen als seine persönlichen Diener betrachtete, über die er zu jeder Zeit nach Belieben verfügen konnte«, und der eine sofortige Reaktion auf Anrufe oder Mails vom Projektmanager verlangte, »ungeachtet des Ernsts oder der Dringlichkeit des Problems«. Joachim bemerkte: »Um mit diesen Angriffen fertigzuwerden, teilte die Projektmanagerin es dem Team mit, wenn während der Ruhepausen eine SMS dieses Kunden eintraf. Dann schlossen sie Wetten ab, ob sie auch einen Anruf oder eine SMS vor dem Lunch, der Kaffeepause oder vor dem Ablauf der Zigarettenpause erhalten würden. Es hatte den Anschein, als gäbe es nie ein wirkliches Entkommen. Lediglich etwas schwarzer Humor während der kurzen Pause brachte etwas Entspannung und sorgte für symbolischen Widerstand, der ihnen half weiterzumachen, ohne die Situation allzu sehr zu hassen.«

Schließlich führte der Soziologe Spencer Cahill an der University of South Florida eine faszinierende, wenn auch unheimliche Studie über Toiletten als Backstage-Bereiche[20] durch. Cahill und fünf wissenschaftliche Mitarbeiter wandten über hundert Stunden dafür auf, das Verhalten in öffentlichen Toiletten in Einkaufszentren, Universitäten, Bars und Restaurants zu beobachten. Cahill und seine Studenten fanden heraus, dass die Toiletten neben ihrer eigentlichen Funktion, ein biologisches Bedürfnis zu befriedigen, vorübergehend Schutz vor aggressiven Menschen und Situationen boten. Sie formulierten es folgendermaßen: »Sobald sich die Toilettentür geschlossen hat, dient der Raum dem entsprechenden Individuum als privater, wenn auch vorübergehender Zufluchtsort vor den Anforderungen des öffentlichen Lebens.«[21]

Toiletten, die einen Ort darstellen, wo Menschen »sich zurechtmachen« können, sind auch eine Zufluchtsstätte für Menschen, die von Arschlöchern beleidigt wurden, um sich zu erholen und zu beruhigen. In der westlichen Kultur gilt die Toilette klischeehaft als Rückzugsbereich für Frauen, um sich auszuweinen. Cahill veranschaulicht dies anhand eines Romans von Margaret Atwood über eine Frau, die mit Freunden an einer Bar saß und merkte, dass sie gleich weinen würde. Also zog sie sich »in eine der plüschigen pinkfarbenen Toiletten zurück und weinte sich aus«[22]. Cahill schildert auch, dass Toiletten, vor allem für Frauen, als Ort kollektiven Entkommens und der Erholung dienen.

Und nicht nur Frauen flüchten in die Toilette, um sich zu beruhigen. 2009 erklärte Lloyd Blankfein, CEO bei Goldman Sachs, gegenüber der *New York Times,* dass der Unternehmensbereich, dem er zu Beginn seiner Karriere vorstand, eine Menge Geld verlor. Also suchte er seinen Boss auf, um ihm eine Lösung zu unterbreiten. Dem gefiel die Lösung gut, und er erteilte ihm einen unerwarteten Rat:

> *Ich wollte gerade den Raum verlassen, da sagte er plötzlich: »Lloyd, einen Augenblick. Warum suchen Sie nicht kurz die Herrentoilette auf und spritzen sich etwas Wasser ins Gesicht. Wenn die Leute Sie nämlich mit einem solch grünen Gesicht sehen, werden sie aus dem Fenster springen.«*

Die Studien und Geschichten über Backstage-Bereiche lehren uns folgende Überlebensregel: Um unseren Kontakt mit Arschlöchern zu beschränken und unsere Abwehrkräfte wieder zu mobilisieren, ist es hilfreich, Arschlochfreie Zonen zu finden und wenn erforderlich zu schaffen, in denen wir und andere vorübergehend Zuflucht finden können.

Frühwarnsysteme

Menschen, die häufigen Streits mit Arschlöchern ausgesetzt sind, tun sich oft zusammen, um sich gegen auftauchende Idioten zu wappnen und ihnen auszuweichen. Einige Leser, unter ihnen Fließbandarbeiter, Ingenieure, Offiziere der US-Armee und Priester, erklärten mir, dass kurz vor Auftauchen von amtlichen Arschlöchern eiligst SMS und E-Mails ausgetauscht werden und getuschelt wird, damit sich jeder darauf vorbereiten, sich verstecken, zurückziehen oder eine sichere Haltung einnehmen kann, bis die Gefahr vorüber ist. Andere Gruppen entwickeln Methoden, Informationen darüber auszutauschen, ob die Kunden, Superstars oder Chefs in guter oder schlechter Stimmung sind. In manchen Firmen ist der Verwaltungsassistent des Chefs beauftragt, Kollegen zu informieren, wenn der Chef schlechte Laune hat (am besten gemieden oder mit Behutsamkeit behandelt werden sollte) oder fröhlich gestimmt ist (und es ein geeigneter Augenblick ist, ihn aufzusuchen oder ein heikles Thema anzusprechen).

Betrachten wir Jonathan Ornstein, den explosiven CEO der Mesa Airlines, dem die *New York Times* 2007 einen Artikel widmete mit der Schlagzeile: »Nähern Sie sich dem Chef mit Vorsicht«. Die *New York Times* beschrieb Ornstein als »laut, explosiv, aggressiv, als jemanden, der keinen Wert auf die Meinung anderer legt.« Stacy Heath, seine ehemalige

Assistentin, schätzte, dass er 60 Prozent der Zeit schlechte Laune hatte. Als Ornsteins Assistentin »zählte es zu ihren Aufgaben, seine Laune zu ermitteln und die leitenden Angestellten zu warnen, bloß kein Meeting mit dem Chef anzuberaumen.«

Nachdem Heath ins Management aufgestiegen war, wandte sie sich aus demselben Grund an Ornsteins neue Assistentin. »Früher riefen sie mich an und fragten: ›Hat er gute Laune?‹ Damals habe ich darüber gelacht, aber heute tue ich es ebenfalls.«

Oder nehmen wir die Warnmeldung in *Selbst ist die Braut,* einem Film von 2009, in dem Sandra Bullock eine grausame und berechnende New Yorker Verlagslektorin spielt. Sobald sie sich dem Büro nähert, mailt ihr Chefassistent (gespielt von Ryan Reynolds) ihren Kollegen: »DIE HEXE REITET AUF DEM BESEN EIN.« Im Nu hören alle auf zu plaudern, zu essen und herumzustehen. Die Verlagsangestellten eilen an ihren Arbeitsplatz zurück, und alle tun so, als wären sie äußerst beschäftigt.

Auch Sie können für aggressiv auftretende Kunden und Auftraggeber ein eigenes Warnsystem entwickeln. Mein bevorzugtes erreichte mich in einer Mail von einem ehemaligen Zollbeamten, der an einer Landesgrenze der ehemaligen Sowjetunion gearbeitet hatte. Wenn er oder seine Kollegen es am ersten bzw. Hauptkontrollpunkt mit einem aggressiven Reisenden zu tun hatten, markierten sie das Formular folgendermaßen:

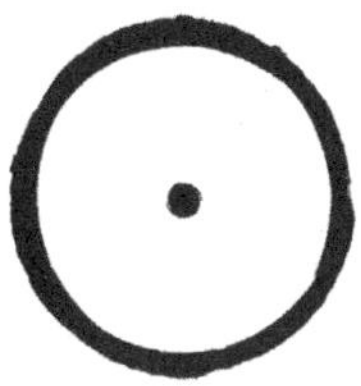

Er erklärte: »Dies gewährleistete, dass das Niveau der nachfolgenden Kontrolle der Arschlochigkeit entsprach, mit der uns der Reisende beim Hauptkontrollposten begegnet war. Wenn die Beamten gefragt wurden, warum dieses Schaubild auf dem Formular verzeichnet war, lautete ihre Erklärung freilich, die Person sei für eine Überprüfung vorgesehen.«

Mit dem Aufkommen der sozialen Medien sind die Warnsysteme ausgefeilter geworden. OpenTable, ein beliebter US-amerikanischer Internetservice für Reservierungen in Restaurants, ermöglicht es nicht nur den Besuchern, Rezensionen zu verfassen; auch die Restaurantangestellten können Anmerkungen zu Gästen hinzufügen. Auf diese Weise sind andere Kollegen vor Arschlöchern gewarnt, wenn diese im Restaurant aufkreuzen. Genau das geschieht bei Danny Meyers Union Square Hospitality Group, zu der unter anderem folgende In-Restaurants zählen: Union Square Café, Gramercy Tavern, Blue Smoke, Jazz Standard, The Modern, Maialino, Untitled, North End Grill und Marta. Im August 2012 berichtete die Website Grub Street auf OpenTable, Danny Meyers Angestellte würden einen ungewöhnlich intensiven Gebrauch von »Codes und Anmerkungen machen, wie die Gäste sich wirklich verhielten«. Eine dieser speziellen Notizen drückte beispielsweise in verklausulierter Form aus, dass der Gast ein gewisses »Anspruchsdenken« an den Tag legte. Ein Insider der Danny Meyers Group erklärte gegenüber Grub Street, dass das Unternehmen ein »Reich der Freundlichkeit sei und auf jeden Gast eingehe«, aber »wenn sich ein Gast den Mitarbeitern gegenüber wie ein Arschloch aufführt«, werde dies »schriftlich festgehalten« und er werde »entsprechend behandelt«. Im September 2012 hieß es in dem *New-York-Times*-Artikel »Was Restaurants über Sie wissen«, dass in vielen Restaurants, die OpenTable angeschlossen sind, »Gäste mit schlechtem Ruf oft sanft hinauskomplimentiert werden. Und wenn auf Ihrem Profil eine 86 steht, müssen Sie aller Wahrscheinlichkeit nach Ihre Dinnerpläne ändern.«

Mischen, anpassen und improvisieren

Jede Vermeidungstechnik kann dazu beitragen, den Kontakt mit denjenigen, von denen Sie wie Dreck behandelt werden, einzuschränken. Auf diese Weise können Sie den Schaden sowie das Risiko mindern, von Abscheulichkeiten »angesteckt« zu werden und sie »weiterzuverbreiten«. Studieren Sie deshalb die nützliche Zusammenfassung über »Arschloch-Vermeidungsstrategien« am Ende des Kapitels. Die dort aufgeführten Methoden können auf die ein oder andere Weise für Erleichterung und Schutz sorgen – und bei den meisten Arschloch-Problemen werden ein paar der Techniken greifen und der Rest nicht. Ich wünschte, ich könnte eine Überlebens-Checkliste konzipieren, die bei jedem Arschloch-Problem funktioniert – eine, wie sie Flugzeugpiloten vor jedem Start benutzen. Leider verrichten Wichser ihre schmutzige Arbeit auf so vielerlei Weise und an so vielen Orten, dass jedes Arschloch-Problem eine ganz spezifische Strategie erfordert. Es liegt an Ihnen, eine Mischung von Taktiken zusammenzustellen, die genau die zutreffenden Nuancen und Eigenarten Ihres Dilemmas berücksichtigt; Ihre Stärken, Schwächen und Ziele und wie Sie sich später fühlen wollen, wenn Sie zurückblicken.

Betrachten Sie eine geniale Lösung, die eine Vorstandsvorsitzende sich ausdachte, um ihren Kontakt mit einem aggressiven Fiesling zu reduzieren und ein Mindestmaß an Kontrolle über seine Schmähungen zu gewinnen. Als sie Vorstandsvorsitzende einer kleinen Softwarefirma war, arbeitete sie mit einem Vorstandsmitglied zusammen, einem

Mann, der brüllte und sie wüst beschimpfte, wenn er mit ihr sprach. Er war so aggressiv, dass sie ihr Möglichstes tat, um persönliche Meetings mit ihm zu vermeiden. Stattdessen legte sie regelmäßige Telefonate mit ihm fest, bei denen sie »die Leitung auf stumm schaltete und sich die Nägel lackierte«; alle drei bis vier Minuten kontrollierte sie, »ob er immer noch brüllte«. Nach einer Weile hatte der Widerling das meiste Gift verspritzt und sich ein wenig beruhigt, was es ihr ermöglichte, so etwas wie eine zivilisierte und konstruktive Unterhaltung mit ihm zu führen.

In ihrer Geschichte erkennen Sie Hinweise auf die Vermeidungsstrategien, die ich erörtert habe – antäuschen und ausweichen. Es gefällt mir, dass sie die Leitung auf stumm schaltete (was sogar noch besser ist, als ein mieses Meeting zu verlassen) und dass die Technologie – das Telefon – es ihr ermöglichte, sich mit einer »abgemilderten« Version des Arschlochs zu beschäftigen – so blieben ihr sein wütendes Schnauben, sein hochrotes Gesicht und die widerlichen Adern, die auf seiner Stirn hervortraten, erspart. Und wenn sie die Schuhe auszog, die Füße auf den Schreibtisch legte und die Zehennägel lackierte, beruhigte das Ritual sie und lenkte ihre Aufmerksamkeit auf etwas anderes. Die Kombination aus Stummtaste und Nagelpflege verminderte nicht nur die Dauer und Intensität des Missbrauchs, die richtige Mischung half ihr auch, sich emotional von der üblen Situation zu distanzieren. Im nächsten Kapitel beschäftige ich mich noch intensiver mit den Vorteilen emotionaler Distanzierung und anderen »kognitiven Tricks zum Schutz Ihrer Seele«.

Aber konzentrieren wir uns vorerst auf die Lehre, die wir aus der Geschichte dieser Vorstandsvorsitzenden ziehen können. Dieses Buch bietet wesentliche Bestandteile, die Sie dazu verwenden können, eine Überlebensstrategie zu entwerfen, die genau auf Sie zugeschnitten ist. Ich biete Ihnen darüber hinaus Studien, Lösungen und Geschichten an, weil sie Ihnen, wenn Sie sich von Arschlöchern bedrängt fühlen, zeigen, dass Sie nicht allein sind, dass es Schutzmaßnahmen gibt, die Sie ergreifen können. Das Leben der meisten Menschen verbessert sich dadurch. Es liegt an Ihnen und vielleicht an denen, die Ihnen helfen können, eine eigene Überlebensstrategie zu entwickeln, mit ihr zu experimentieren und sie mit Blick auf die speziellen Verrücktheiten, denen Sie ausgesetzt sind, zu optimieren – so, wie es die clevere Vorstandsvorsitzende tat, als sie statt persönlichen Meetings Anrufe terminierte, die Stummtaste drückte und ihre Nägel lackierte.

Arschloch-Vermeidungsstrategien

Abwehrmechanismen

1. Auf der Allen-Kurve surfen.

Können Sie die lokalen Arschlöcher dazu bringen, etwas Distanz zu Ihnen zu wahren? Wie Tom Allen vom MIT zeigte, können sogar schon drei Meter zusätzlicher Abstand helfen. Und wenn Sie die Arschlöcher irgendwie dazu bewegen können, in ein anderes Gebäude oder in ein anderes Stockwerk umzuziehen, hat das meist den gleichen Effekt, wie sie in ein anderes Land zu schicken.

2. So nah und doch so fern.

Wenn Sie an Sitzungen teilnehmen müssen oder gezwungen sind, sich in nächster Nähe von Wichsern aufzuhalten, können Sie dann wenigstens ein paar Meter weiter entfernt von ihnen sitzen oder stehen? Versuchen Sie, einen Platz zu wählen, der den Blickkontakt mit Ihrem Peiniger erschwert, zum Beispiel auf derselben Tischseite, aber so weit wie möglich von ihm entfernt.

3. Antäuschen und ausweichen.

Bietet sich Ihnen die Möglichkeit, Begegnungen mit Menschen zu vermeiden, die Ihnen Übelkeit bereiten und Ihren inneren Dämon entfesseln? Können Sie es so einrichten, dass Sie zu Hause oder unterwegs sind, wenn sich Arschlöcher angekündigt haben? Ist es Ihnen möglich, bei Meetings, Gruppenarbeiten oder gesellschaftlichen Ereignissen, die Sie nicht schwänzen können, erst später einzutreffen oder früher zu gehen?

4. Die Rhythmus-Methode.

Sind Sie in eine Beziehung mit einem dieser Arschlöcher verstrickt, die es jedes Mal genießen, wenn Sie mit deutlichem Unbehagen auf sie reagieren? Wenn dem so ist, können Sie dann den Rhythmus verlangsamen? Versuchen Sie, die Aggression Ihres Peinigers abzuwehren, indem Sie so lange wie möglich warten, bevor Sie auf gemeine Mails und Anrufe reagieren. Und treffen Sie ihn oder sie so selten wie möglich.

5. Ein Tarnumhang.

Stecken Sie in einem arschlochreichen Gebiet fest, in dem einflussreiche Vorgesetzte, Kunden oder Bürger Sie behandeln, als wären Sie unsichtbar – es sei denn, Sie begehen ein tatsächliches oder fiktives Verbrechen, sodass alle Sie mit Kritik überhäufen? Vielleicht kann diese Unsichtbarkeit Ihnen auch Schutz bieten? Vielleicht können Sie im Hintergrund bleiben, indem Sie so wenig wie möglich sagen, langweilig sind, eine Arbeit verrichten, die weder besonders schlecht noch herausragend ist, und sich hinter einem nichtssagenden Gesichtsausdruck verstecken.

6. Fiesling-Schirm.

Können Sie einen Chef finden, der Sie vor Arschlöchern abschirmt – oder ihn sanft darauf trainieren, es zu tun? Oder können Sie einen Blitzableiter finden oder engagieren, jemanden, der sich mit aggressiven und anmaßenden Kunden, Angestellten, Verbrauchern oder Bürgern anlegt?

7. Tag-Team-Partner.

Können Sie ein formelles oder informelles Rotationssystem entwickeln, bei dem jeder Betroffene gängigen Aufgaben, die arschlochintensiv sind, gleich lange ausgesetzt ist? Dadurch bekommt jeder den gerechten Anteil an Aggression ab (und auch Erleichterung).

8. Kurze Atempause im Rückzugsraum.

Finden und nutzen Sie einen Rückzugsraum, zu dem Arschlöcher keinen Zugang haben oder wo sie Sie nicht finden können. Nehmen Sie sich dort die Zeit, sich von jüngsten Kränkungen Ihrer Seele zu erholen und sich für die nächsten zu wappnen. Sie können dort auch Kollegen, die als Zielscheibe dienen, bedauern und sie unterstützen. Es könnte ein spezifischer Ort sein, wie ein Lehrerzimmer oder ein lokaler Starbucks oder eine Kneipe, oder auch einfach nur ein ruhiger Flur, ein nahe gelegener Park.

9. Das Frühwarnsystem aktivieren.

Vereinbaren Sie mit Ihren Kollegen und Kameraden, dass Sie sich gegenseitig vor dem Auftauchen von Arschlöchern warnen – damit Sie sich vor ihnen verstecken, sich von Ihrer besten Seite zeigen oder sie von Menschen und Orten weglotsen können, die ihre Verachtung oder Wut erregen, und Sie sich vielleicht auch darauf vorbereiten können, Ihren Peiniger fertigzumachen. Ein Schild an der Tür, das verkündet: »Arschloch anwesend«, wird Ihnen vermutlich Ärger einbringen, aber der diskrete Gebrauch von Anrufen, SMS, Mails oder sozialen Medien erfüllt vielleicht auch den Zweck.

5 Kognitive Tricks zum Schutz Ihrer Seele

Erinnern Sie sich daran, wie in Kapitel 2 Becky Margiotta ihre Gedanken umstrukturierte, um die endlosen Schikanen überstehen zu können? Lassen Sie uns etwas tiefer graben, um herauszufinden, wie sie diese neutralisierte.

Zu Beginn ihres ersten Jahres wurde Becky eines Tages zur Zielscheibe des heftigen Spotts mehrerer höherrangiger Kadetten, nachdem es ihr nicht gelungen war, sich an jede einzelne Schlagzeile auf der Titelseite der damals aktuellen *New York Times* zu erinnern (ein üblicher »Fehler«). Sie standen »fünf Zentimeter von mir entfernt und schrien mich an«; sie warfen ihr an den Kopf, dass sie in persönlicher wie beruflicher Hinsicht eine Versagerin sei.

An jenem Tag hatte Becky eine Erleuchtung. Statt die Beleidigungen persönlich zu nehmen, begann sie von da an, diese aggressiven Mätzchen als »unglaublich unterhaltsam« zu betrachten. Sie hörte auf, sich Sorgen zu machen, dass das Spiel manipuliert war, dass es an ihr lag, dass sie ständigen Demütigungen ausgesetzt war und dass sie Gefahr lief, die Beherrschung zu verlieren und somit gegen die vorgeschriebene »militärische Etikette« zu verstoßen.

Stattdessen konzentrierte sie sich darauf, zu beobachten, wie einfallsreich und lustig die höherrangigen Kadetten waren, wenn sie die Kadetten vierter Klasse schikanierten. Becky war so beeindruckt von ihrem »Esprit und ihrem Geschick«, dass sie weit weniger erschüttert war, wenn sich die Aggressionen gegen sie richteten. Bisweilen fand Becky ihre Beleidigungen, höhnischen Bemerkungen und kleinlichen Bestrafungen so komisch, dass sie sich das Lachen nicht verkneifen konnte. Das brachte ihr noch mehr Probleme ein (»Was ist denn so lustig?« und »Das ist nicht zum Lachen!«), was sie wiederum nur noch mehr amüsierte.

Becky setzte sich mit Arschlöchern auseinander, indem sie deren Verhalten umdeutete, damit es ihr weniger verstörend und bedrohlich erschien, würden es Verhaltenstherapeuten (und viele Wissenschaftler) ausdrücken. Die kognitive Verhaltenstherapie ist die am weitesten verbreitete evidenzbasierte Methode, psychische Probleme zu behandeln. Sie basiert auf der Vorstellung, dass dysfunktionales Denken die Stimmung und das Verhalten eines Patienten auf destruktive Weise prägen kann. Judith Beck von der University of Pennsylvania erklärt, dass eine solche Therapie den Patienten hilft, ihre Erfahrungen in einem anderen und positiveren Licht zu sehen. Dies verleiht ihnen ein besseres Gefühl und befähigt sie, konstruktivere Verhaltensweisen zu entwickeln.[1] Ein Teil der Therapie besteht darin, Patienten zu ermutigen, Schwierigkeiten und Anliegen als weniger erschütternd zu bewerten, ja, sogar als etwas Gutes zu sehen. Sozialpsychologen und andere Wissenschaftler haben aufgezeigt, dass es Erleichterung bringen kann, Störfaktoren oder erschütternde Erfahrungen in einem anderen Licht zu sehen (»neu zu bewerten«), auch wenn dies kein Allheilmittel ist. Wenn eine Erfahrung zum Beispiel als eine lustige und aufregende Herausforderung angesehen wird statt als quälende Bedrohung, kann dies eine Veränderung der Gefühle und des Handelns der Menschen bewirken.

Adam Alter von der New York University und seine Kollegen führten bemerkenswerte Studien über eine derartige Umdeutung[2] mit Grundschülern aus North Carolina und mit Studenten der Princeton University durch. Sie stellten fest, dass in beiden Gruppen die afroamerikanischen Schüler und Studenten bei einem Mathetest bei Weitem besser abschnitten, wenn er als anspruchsvoller Fragebogen (d. h. als interessant oder intellektuell herausfordernd) statt als bedrohlicher Test präsentiert wurde (der aufzeigen würde, wie schlau sie »im Moment« waren, oder ihr Basiswissen testete). Es handelte sich um denselben Test, doch ihn als Herausforderung zu betrachten förderte das Selbstvertrauen und lenkte die Aufmerksamkeit weg von negativen kulturellen Klischees über Afroamerikaner und ihre vermeintliche Bildungsbenachteiligung (wenn afroamerikanische Studenten mit solchen Klischees konfrontiert werden, leiden ihr Studium, ihr Selbstvertrauen und ihre Leistung, wie Untersuchungen gezeigt haben).

Die Umdeutung ist eine übliche Verteidigungsmaßnahme gegen Arbeitsplatz-Arschlöcher. Dana Yagil und ihre Kollegen an der Universität von Haifa untersuchten den Umgang von 225 israelischen Angestellten mit Vorgesetzten, von denen sie mittels Spott, übler Nachrede, Bloßstellung, Schweigen oder grausamen Worten und Taten schikaniert wurden. Sie untersuchten die Umdeutung, indem sie sich erkundigten, ob die Angestellten Bemerkungen machten wie »Es ist ja nur ein Job« und »Dies ist eine belanglose Angelegenheit«. Yagils Team fand heraus, dass das Umdeuten zu den Haupttaktiken gehörte, die schikanierte Angestellte anwandten, um sich emotional zu distanzieren.[3]

Ähnlich stellte man bei einer Untersuchung in einer spanischen Telekommunikationsgesellschaft fest, dass schikanierte Angestellte, die »psychologische Distanz« praktizierten, indem sie ganz bewusst an angenehmere Dinge dachten und während der arbeitsfreien Zeit »abschalteten«, weniger unter emotionalem Stress litten (z. B. Traurigkeit, Depression, Schlaflosigkeit). Angestellte, die Distanz übten, waren auch weniger versessen darauf, Rache zu üben. Sie dachten seltener darüber nach, mit Chefs und Mitarbeitern abzurechnen, die sie demütigten, verspotteten und gemeine Gerüchte über sie verbreiteten.[4]

Dieses Kapitel handelt von Umdeutungsstrategien und ähnlichen »kognitiven Tricks«, die Schutz bieten können, wenn Sie nicht entkommen, Ihren Kontakt einschränken oder gegen die Wichser, die Sie nerven und schikanieren, angehen können. Wenn Sie Ihre Art und Weise der Deutung von Menschen und Ereignissen ändern, kann sich dies anfühlen, als trügen Sie eine kugelsichere Weste, die Sie vor Arschlöchern schützt. Die meisten dieser Tricks funktionieren am besten, wenn Sie sich mit Freunden, Trainern, Chefs, Kollegen, Mitarbeitern oder anderen Betroffenen zusammentun, um »Rahmenbedingungen« zu konzipieren, die für Sie und andere, die im selben Boot sitzen, funktionieren. Auch wenn Sie auf sich selbst gestellt sind, helfen Ihnen diese Tricks. Doch wenn Sie zusammen mit anderen, denen Sie vertrauen können, solche Umdeutungen vornehmen, können diese sich davon überzeugen, dass Sie nicht fantasieren, sondern tatsächlich schikaniert werden. Und Sie gewinnen Verbündete, die Ihnen helfen, schwere Zeiten zu überstehen, wenn Fieslinge und hinterhältige Typen auf dem Kriegspfad sind oder Ihr Selbstvertrauen ins Wanken gerät. Und Sie können Ihren Verbündeten im Gegenzug helfen, schwere Zeiten zu meistern.

Die Macht des Umdeutens – und der Unterstützung durch andere – kommt auch in dem Ratschlag zum Ausdruck, den ein Mitarbeiterberater in einer US-Regierungsbehörde schikanierten Angestellten gibt, die er betreut. Dieser Berater schrieb mir, dass seine Aufgabe darin bestehe, »dafür zu sorgen, dass die Menschen in Arschloch-Stadt überleben«. Er legte mir die drei dafür erforderlichen Schritte dar.

1. Er rät dem schikanierten Angestellten, »eine Umfrage zu machen« und mit Kollegen zu sprechen, um sicherzustellen, dass das »leitende Arschloch« ihn nicht extra auswählt, um ihn zu schikanieren. Diese Gespräche mit Kollegen sind aus folgendem Grund entscheidend: Wenn der Manager diesen Angestellten genauso schlecht behandelt wie alle anderen, dann braucht der Angestellte sich nicht länger »vorzuwerfen, für eine miese Situation verantwortlich zu sein«.
2. Wenn der aggressive Manager tatsächlich ein »Arschloch auf allen Ebenen« ist, fragt der Berater den schikanierten Angestellten: »Warum sind Sie deprimiert und ängstlich, wenn er sich doch genauso verhält, wie Sie ihn beschreiben?« Und: »Warum sorgen Sie sich wegen eines Arschlochs, das sich wie ein solches verhält?«
3. Wenn der Angestellte mit Bestimmtheit sagen kann: »Ja, das ist ein Arschloch«, ermutigt der Berater ihn, sich zu distanzieren – eine der Umdeutungsstrategien, die ich bereits erwähnte und auf die ich noch näher eingehen werde. Eine seiner bevorzugten Strategien der Distanzierung besteht darin, die Angestellten zu ermutigen, sich selbst als Zuschauer oder Beobachter – und nicht als Teilnehmer – bei einem Wettbewerb zu sehen, der zum Ziel hat, den nächsten Schritt des Peinigers vorauszusagen. Er erklärte: »Der Angestellte übernimmt die Kontrolle über seine Erfahrung, indem er die Fakten studiert und Resultate voraussagt. Meine Klienten sind oft hocherfreut, wenn sie berichten können: »Ich habe vermutet, dass er das tun würde, und genauso war es. Was für ein Arschloch!«

Jeder dieser Schritte soll deprimierten und ängstlichen Angestellten helfen, ihre Deutung der Situation zu ändern – *nicht* die Situation selbst. Außerdem vertrauen die Angestellten auf diese neue Sichtweise, weil sie sich diese in vielen Unterhaltungen mit dem Berater und anderen Betroffenen gebildet haben. Es ist hilfreich, wenn sich die Menschen mit der Bitte um Unterstützung aneinander wenden und feststellen, dass sie nicht allein sind. Sie erfahren, dass ihre Kollegen sich mit Arschloch-Problemen herumschlagen oder diese überwunden haben, was ihnen Hoffnung und Zuversicht verleiht, es ebenfalls zu schaffen.

Wir wollen uns jetzt auf einige spezifische kognitive Tricks konzentrieren, mithilfe derer Sie Ihre Seele schützen können.

Sie trifft keine Schuld. Angestellte einer US-Regierungsbehörde litten weniger, nachdem sie sich davon überzeugt hatten, dass sie nicht schuld am Verhalten ihres Peinigers waren. Wie der Berater nahelegte, hatten sie keinen Grund zu Selbstvorwürfen, denn: »Warum soll man sich wegen eines Arschlochs sorgen, das sich wie ein solches verhält?« Kognitive Verhaltenstherapeuten[5] beschreiben dies als reversierende oder entmutigende destruktive »Personalisierung«: »Man glaubt, man sei schuld, dass sich andere negativ verhalten, ohne zuerst plausiblere Interpretationen ihres Verhaltens in Betracht zu ziehen.«

Von Jens Blechert und seinen Kollegen an der Stanford University durchgeführte Experimente bestätigen die defensive Kraft einer solchen Umdeutung (sie nannten sie »Neubewertung«). Als sie Studenten der Stanford University Aufnahmen von wütenden Menschen zeigten und ihnen dann ein paar Minuten für ein Neubewertungstraining einräumten (z. B. »Stellen Sie sich vor, dass diese Person nicht wütend auf Sie ist, sondern lediglich einen schlechten

Tag hatte oder Streit mit dem Chef«), brachten weitere Fotos von wütenden Menschen sie nicht länger aus der Fassung (wie es bei den ersten Aufnahmen noch der Fall war). Dagegen gerieten Studenten, denen derartige Neubewertungen (»Es ist nicht meine Schuld«) nicht beigebracht wurden, beim Anblick von Bildern wütender Personen[6] weiterhin aus der Fassung. Jens Blecherts Fähigkeiten als Therapeut und Wissenschaftler kommen in einem Interview über die Folgen dieser Bewältigungsstudie deutlich zum Ausdruck. Es erschien 2011 in der *Health Day News*. Blechert gelangte darin zu folgendem Schluss: »Wenn Sie auf Neubewertung trainiert sind und wissen, dass Ihr Chef häufig schlechte Laune hat, können Sie sich auf ein Meeting vorbereiten.« Und wenn Ihr Chef »schreit und brüllt«, werden Ihre negativen Reaktionen schwächer sein, ja, vielleicht bemerken Sie überhaupt keine derartigen Reaktionen.

Gefängniswärter verwenden eine ähnliche Taktik, um den Beschimpfungen und Drohungen der Häftlinge die Schärfe zu nehmen. Katy DeCelles (die riet »Leg dich nicht mit Idioten an«) und Michel Anteby (der zusammen mit Curtis Chan eine Untersuchung zu TSA-Angestellten durchführte) taten sich zusammen, um die emotionalen Reaktionen von Justizvollzugsbeamten, die in US-Staatsgefängnissen[7] arbeiteten, zu untersuchen. Ihre Beobachtungen sowie Interviews mit 113 Justizvollzugsbeamten offenbarten Folgendes: »Die Einstellung, es nicht persönlich zu nehmen«, war ein entscheidender kognitiver Trick, dessen sich die Beamten bedienten, um ihre negativen Reaktionen auf Insassen im Zaum zu halten, sie als Menschen anzusehen und nicht als Tiere hinter Gittern. Dies schaffte die Voraussetzung dafür, sie auf fürsorgliche Weise und nicht auf grausame oder gleichgültige Art zu behandeln.

DeCelles und Anteby fanden heraus, dass »dieses Schutzverhalten vor allem dann vorherrschend war, wenn die Häftlinge es den Justizvollzugsbeamten gegenüber an Respekt fehlen ließen, sie beschimpften und bedrohten«. Einer der Beamten erklärte ihnen: »Ich habe begonnen, dies nicht als persönlichen Angriff zu betrachten.« Er versuchte, »einen Schritt zurückzutreten« und die Beschimpfungen und die Wut der Gefangenen umzudeuten – als seien sie nicht gegen ihn gerichtet. Stattdessen deutete er ihre Wutanfälle als Affront gegen die Autoritätsperson, die sie »täglich zu Gesicht bekommen, tagein, tagaus«, und nicht gegen ihn als Person, die ihre Wut entfachte oder es verdiente, für ihre missliche Lage verantwortlich gemacht zu werden.[8]

Zuletzt noch eine Warnung hinsichtlich dieser »Depersonalisierung« oder der Verteidigung: »Es ist nicht meine Schuld«. Wie ich in Kapitel 7 aufzeigen werde, geben viele Menschen, die Arschloch-Probleme schüren oder selbst das Problem *darstellen*, dennoch anderen die Schuld. Selbst wenn Sie ein Arschloch sein sollten, kann es natürlich Ihre geistige Gesundheit schützen, wenn Sie sich einreden, eine prima Person zu sein. Diese Strategie kann sich jedoch ins Gegenteil verkehren. Ihr schlechtes Betragen kann andere Arschlöcher anziehen oder hervorbringen, die dann ihre Aggression gegen Sie richten (auch wenn Sie selbst ein Wichser sind, sind Sie nicht automatisch vor anderen Kotzbrocken geschützt). Und, wie ich in *Der Arschloch-Faktor* bereits gewarnt habe, ist es riskant, andere wie Dreck zu behandeln, weil Sie sich damit Feinde schaffen, die nur auf die passende Gelegenheit warten, sich zu rächen.

Herunterspielen der Drohung. Die »Alles-gar-nicht-so-schlimm«-Taktik fordert es, dass Sie sich zuerst eingestehen, sich in einer Arschloch-Welt zu bewegen, aber auch, die Fieslinge als weniger übel oder gefährlich einschätzen als früher. Dies war Teil der Strategie von Becky Margiotta in West Point. Indem sie die Schikanen der höherrangigen

Kadetten als »lustig« ansah, empfand sie deren Schimpftiraden und Bestrafungen als weniger bedrohlich.

Erfahrene Therapeuten und Anführer tun etwas Ähnliches, um Klienten und Anhängern dabei zu helfen, destruktive Gedanken, die ihrer Ansicht nach falsch oder übertrieben sind, zu identifizieren und ihre Situation in einem positiveren Licht (oder zumindest weniger negativ) zu sehen. In der kognitiven Verhaltenstherapie arbeiten die Therapeuten mit Patienten daran, deren Denken zu ändern, beispielsweise wenn sie einen »Tunnelblick« haben oder »mentale Filter« benutzen, die sie dazu veranlassen, sich auf die negativen Aspekte einer Situation zu fixieren. Und sie unterstützen Patienten dabei, destruktive und scheinbar unveränderliche Einschätzungen von sich selbst und anderen – obwohl es »Hinweise gibt, die vernünftigerweise zu einer weniger verheerenden Schlussfolgerung führen könnten«[9] – zu hinterfragen und dann zu ändern.

Wenn Sie es mit Arschlöchern zu tun haben oder anderen helfen, mit ihnen umzugehen, kann eine derartige Umdeutung Schutz bieten. Als ich die in Kapitel 4 beschriebene Studie zu Geldeintreibern von Telefoninkassogesellschaften durchführte, fiel mir auf, dass die Schuldeneintreiber häufig Folgendes sagten: »Das war gar nichts, habe schon Schlimmeres erlebt«, um die Bestürzung zu mildern, die sie selbst oder Kollegen bei unschönen Begegnungen mit Schuldnern empfanden. Nach meiner Schulung verbrachte ich mehrere Tage mit Beobachten und Zuhören. Dann tätigte ich unter der Leitung eines erfahrenen Geldeintreibers selbst Anrufe. Einmal wurde ich von einem barschen Schuldner aus der Fassung gebracht. Er beklagte sich, weil ich während des Dinners angerufen und zu lange gebraucht hätte, um mein Anliegen vorzubringen. Außerdem habe er nur eine Zahlung versäumt und mein Verhalten sei übertrieben. Nach dem Anruf half mir der gewiefte Schuldeneintreiber, die

Erfahrung umzudeuten und erklärte mir, dass ich nach mehreren Anrufen erkennen würde, dass der Schuldner, mit dem ich gesprochen hatte, mich ja nicht beschimpft oder angeschrien habe. Und dass es gut sei, dass er verärgert geklungen habe, denn das bedeute, dass er aufgebracht genug sei, um zu zahlen (aber nicht so aufgebracht, dass er die Zahlung aus Boshaftigkeit verweigere). Er sagte, der Anruf sei so gut gelaufen, wie so ein Anruf eben laufen könne – der Schuldner hat das Telefon abgenommen, war nicht unflätig und zahlte die Rechnung.

Später erlebte ich, dass erfahrene Geldeintreiber häufig damit auf wütende, unehrliche oder unbedarfte Schuldner reagierten, dass sie Kollegen erzählten, das sei keine große Sache gewesen, und ihnen Gräuelgeschichten über Schuldner erzählten, die sich bei Weitem ausgeflippter oder boshafter verhalten hatten. Diese Geschichten trugen nicht nur dazu bei, die Kollegen zu trösten und zu beruhigen, sondern schufen auch einen »sozialen Zusammenhalt«, der die Schuldeneintreiber miteinander verband, für Unterhaltung sorgte und ihnen die Gelegenheit bot, über die Schuldner und sich selbst zu lachen, Tricks und Kniffe zu verbreiten und zu prahlen.

Wenden wir uns nun dem Leiter einer städtischen Baubehörde zu, die während einer Haushaltskrise Entlassungen vornahm. Diese lösten hässliche Anschuldigungen vonseiten einiger Arschlöcher aus, die ihr Gift verspritzten, vor allem von einigen unzufriedenen Mitgliedern der Belegschaft, die ständig wütende, unflätige und verlogene Kommentare an die Geschäftsleitung richteten oder über diese verbreiteten. Der beunruhigte Leiter der Behörde heuerte eine erfahrene Führungskraft an, um zu tun, was getan werden musste, er leitete damit einen Umdeutungsprozess in seinem Bereich ein. Diese Führungskraft führte Einzelgespräche und bestellte dann alle zu einem Meeting ein, das sie mit folgenden Worten eröffnete: »Lassen Sie uns eines klarstellen: Ich habe Ihr Führungspersonal kennengelernt, und die Menschen, die Sie leiten, sind nicht mal halb so übel, wie Sie annehmen, aber auch nicht halb so gut, wie sie sich selbst einschätzen.« Er fügte hinzu, dass er aus Erfahrung Folgendes sagen könne: »Ein oder zwei von Ihnen sitzen ganz hinten im Raum, die Hände vor der Brust verschränkt, und lauern darauf, Steine zu werfen, egal, worüber wir reden.«

Der bedrängte Leiter der Behörde erklärte, dass diese Umdeutung auf zweierlei Weise wirkte: Sie vermittelte der Belegschaft, dass ihre Führungsebene gar nicht so mies war, und dieser wiederum, dass die Belegschaft nicht so übel war; dass beide Seiten die Gefahr übertrieben. Dieses Beispiel zeigt auch, dass nur eine Umdeutung das Verhalten verändern kann – und nicht allein die genaue Beschreibung einer Situation. Der Leiter schrieb, die Umdeutung durch den Schlichter habe nicht nur jeden im Raum in die Lage versetzt, sich weniger bedroht zu fühlen, sondern auch »Bösartigkeiten auf beiden Seiten stigmatisiert und uns die Gelegenheit geboten, zu lachen und unbeschwerter miteinander zu reden«.

Konzentration auf den Silberstreif. Dieser kognitive Trick besteht darin, zu akzeptieren, dass es nervt, wie man Sie behandelt, Sie sich aber gleichzeitig auf das Positive konzentrieren – auf das Gute, das Sie von dem Arschloch einfahren. Es ist eine Variation der »Alles nicht so schlimm«-Umdeutung.

Dieser Trick kann nützlich sein, um Begegnungen oder andauernde Beziehungen mit widerlichen Menschen zu überstehen, oder Ihnen später, wenn Sie darauf zurückblicken, dabei zu helfen, sich besser zu fühlen. 2014 schrieb der Journalist Andrew Beaujon einen charmanten, aber recht beunruhigenden Artikel für die Website des Poynter Institute, in dem er die Frage stellte: »Warum erinnern sich Journalisten liebevoll an widerliche Herausgeber?« Er stellte diese Frage seiner Kollegin Jill Geisler. Sie erwähnte den Stolz, den manche Journalisten empfanden, weil sie die Schikanen eines harten und anspruchsvollen Herausgebers überlebt hatten, die den Schikanen in Studentenverbindungen ähnelten, und sie zeigte ein paar positive Seiten dieses Verhaltens auf.

Zum einen hoben die Überlebenskünstler die wesentlichen Lektionen hervor, die sie von diesen Arschloch-Chefs über Journalismus lernten. In Geislers Worten: »Doch unter all dem Mist, den ein Arschloch produziert, befinden sich auch positive Aspekte.« Es war klug und brachte ihnen ein paar Fertigkeiten bei, die eine Verbesserung für sie bedeuteten. Deshalb erhielten die Herausgeber einen »Eigentümlichkeitsvorschuss für die anderen rüpelhaften, auf Ehrlichkeit fußenden Verhaltensweisen.« Als positiv wurde außerdem bewertet, dass widerliche Herausgeber manchmal jungen Journalisten ein paar Krumen der Zuversicht zuwarfen; diese kleinen Inseln des Lobs in einem Meer der Grausamkeit fühlten sich verdammt gut an. Geisler erläuterte: »Wenn der gemeinste Hurensohn der ganzen Stadt zu Ihnen sagt: ›Wenn du deinen Arsch hochkriegst, Kleiner, schaffst du es vielleicht in diesem Geschäft‹, fühlen sich einige Kids als etwas Besonderes – und klammern sich daran fest.«

Erheben Sie sich darüber. Michelle Obama, die ehemalige First Lady der USA, erwähnte diese Umdeutungsstrategie 2016 in ihrer Rede vor der Democratic National Convention in Philadelphia. Mrs Obama berichtete, wie sie und Präsident Obama mit ihren Töchtern Malia und Sasha (beide im Teenageralter) über die »hasserfüllte Ausdrucksweise« sprächen, »die sie von Personen des öffentlichen Lebens im

Fernsehen hören«. Sie sagte: »Wir erklären ihnen, dass sie sich, wenn jemand gemein ist oder wie ein Fiesling handelt, nicht auf deren Niveau herablassen dürfen. Unser Motto lautet: Wenn die anderen sich nicht benehmen können, antworten wir darauf mit Anstand und Stil.«

Diese mentale Einstellung, mit deren Hilfe die ehemalige First Lady und ihr Mann versuchten, ihre Familie vor den endlosen Beleidigungen und Anschuldigungen zu schützen, enthält den Rat, sich selbst und jenen, die Ihnen etwas bedeuten, zu sagen, sie sollen auf dem rechten Weg bleiben und sich weigern, sich auf das Niveau des Peinigers herabzulassen. Wenn Sie sich daran halten, bedeutet dies, dass Sie ein besserer Mensch sind als der Abschaum. Diese Strategie hilft den Betroffenen nicht nur, stolz auf ihre Überlegenheit zu sein. Wenn sie mit einer gewissen Ruhe, Höflichkeit, ja sogar Herzlichkeit auf die Boshaftigkeit reagieren, ist die Gefahr dadurch geringer, in einen Streit zu geraten – oder einen Teufelskreis gegenseitiger Feindseligkeit auszulösen.

Dies ist nicht nur eine Strategie, die Politiker und ihre Familien anwenden (und eine, von der ich mir wünschte, sie würde mehr Beachtung finden). Sie steht auch im Zentrum der Ausbildung der Baristas im Philz Coffee und ihrem Umgang mit Gästen. Philz ist eine Kette von 35 Cafés, deren Hauptsitz sich in San Francisco befindet. Als ich mit CEO Jacob Jaber sprach, sagte er, bei Philz werde man darauf trainiert, die Gäste mit Herzlichkeit zu behandeln und »entsprechend dem Geschmack jedes einzelnen Gastes eine perfekte Tasse Kaffee zu kreieren«, was durch jahrelange Erfahrung und hervorragende Kaffeesorten »Tassen der Liebe« hervorbringe. Jacob besteht darauf, dass die Baristas sogar zu rüpelhaften Gästen nett sein sollen. Er erklärte, dass die Besucher dadurch manchmal merkten, dass sie sich wie ein Kotzbrocken aufführten, und sich dann netter verhielten. Sie entschuldigten sich sogar ab und an. Unabhängig davon sind die Baristas bei Philz stolz darauf, dass sie freundlich zu fiesen Gästen sind und der Versuchung widerstehen, sich auf das Niveau des Arschlochs herabzulassen und ebenfalls »schlechte Schwingungen« zu verbreiten. Jacob führte weiter aus, dass er den Baristas einbläute, wenn die Besucher Arschlöcher sind: »Seid nett zu ihnen. Pfeift auf sie, aber seid nett zu ihnen.«

Nachdem ich mich mit Jacob unterhalten hatte, wollte ich erfahren, wie seine Angestellten aggressive Besucher sehen. Die Worte des CEO spiegeln nicht zwangsläufig das Verhalten und die Gefühle der Menschen an vorderster Front wider. Ich beauftragte Deanna Badizadegan (meine ehemalige Studentin und wissenschaftliche Assistentin), mehrere Baristas, einen Schichtführer und einen Marktleiter zu interviewen. Deanna traf sich mit ihnen in zwei Philz-Cafés in San Francisco. Jeder bediente unterschiedliche Besucher: junge technische Arbeiter, Banker und Anwälte, Obdachlose, Touristen, Collegestudenten und Teenager.

Deanna war erstaunt, mit welcher Leidenschaft die Philz-Angestellten die Ansicht vertraten, dass »es allein darum gehe, ›den Leuten den Tag zu verschönern‹ – egal, wie widerlich sie auch sein mochten«. Die Philz-Angestellten konnten viele Geschichten über aggressive Kunden zum Besten geben – Kontrollfreaks (»sie wollen nicht einmal den Kaffee, sondern einfach ihr morgendliches ›Ich hab das Kommando‹«), neurotische Typen, die unter Zwangsstörungen litten (die »eine ganz besondere Tasse Kaffee« wollen), und am schlimmsten von allen die Snobs (diejenigen, die glauben, dass sie Ihnen überlegen sind, weil sie mehr Geld oder einen Traumjob haben). Jeder Angestellte benutzte wiederholt das Mantra, das sie sich zu eigen gemacht hatten, und drängte seine Philz-Kollegen, es als Schutzpanzer gegen fiese Kunden einzusetzen. »Setze sie mit Freundlichkeit außer Gefecht.«

Wie Jacob Jaber andeutete, waren seine Angestellten stolz darauf, auf dem rechten Weg zu bleiben, und hielten es für unprofessionell, die Nerven zu verlieren. Sie waren auch stolz darauf, einzuschreiten, um schikanierten Barista-Kollegen, die im Begriff waren, die Fassung zu verlieren, beizustehen und bei fiesen Kunden (»die sich schließlich für einen erwärmen«) durch nie versiegende Freundlichkeit manchmal »einen Wandel« herbeizuführen. Ein Schichtleiter fasste dieses kollektive Engagement, den rechten Weg zu wählen, wie folgt zusammen: »Warum sollte ich es jemandem übel nehmen, dass er eine perfekte Tasse Kaffee verlangt? Wenn ich das nicht schaffe, sollte ich vielleicht nicht hier arbeiten – alles hängt von der Einstellung ab.«

Entwickeln Sie Sympathie für den Teufel. Selbst wenn ein Arschloch es nicht verdient, entschuldigt zu werden oder glimpflich davonzukommen, kann diese Vorgehensweise dafür sorgen, dass Sie sich weniger erniedrigt und entkräftet fühlen. Sie half mir dabei, mit einem Kollegen umzugehen, dem seine Studenten sehr am Herzen liegen und der sie darin unterstützt, wunderbare Dinge zu vollbringen, aber andererseits gemein, launisch und egoistisch ist. Er hat Dutzende anderer Professoren und Mitarbeiter angeschnauzt, beschimpft und bedroht (gewöhnlich wegen trivialer Dinge), weigert sich, Quellen oder Ideen preiszugeben, verlangt mehr Räumlichkeiten und Geld als andere Kollegen mit ähnlichen Bedürfnissen und behandelt die meisten Menschen, denen er täglich begegnet, als wären sie unsichtbar – es sei denn, er will etwas von ihnen.

Gott sei Dank musste ich nicht direkt mit ihm zusammenarbeiten. Doch irgendwann gingen mir seine Mätzchen auf die Nerven. In einem Jahr gab er dann nach mir Unterricht im selben Klassenzimmer. Während ich noch unterrichtete, drängte er mich häufig, die Stunde vorzeitig zu beenden, damit seine Klasse ins Klassenzimmer stürmen konnte. Auch brüllte er mehrere Personen an, die ich sehr schätze. Mehrere Stunden pro Woche war ich stocksauer auf ihn, konnte ihn aber nicht an seinen Possen hindern (ich versuchte es zwar, scheiterte aber; vielleicht hätte ich energischer vorgehen sollen). Mein Kontakt mit ihm war begrenzt.

Dann begann ich, einen kognitiven Trick anzuwenden, der fast meinen gesamten Ärger über diesen zickigen Professor und meine Grübeleien über ihn im Keim erstickte. Ich dachte an all die Schwierigkeiten, die er im Leben gehabt hatte, und daran, wie viel Gutes er bewirkte. Ich sagte mir: »Er ist wie ein Stachelschwein mit einem Herz aus Gold« oder erinnerte mich an den Ausspruch eines Google-Ingenieurs: »Er hat eine schlechte Benutzeroberfläche, aber ein gutes Betriebssystem.« Indem ich Sympathie für diesen Teufel entwickelte und es zuließ, dass ich ihm verzieh, veränderte ich meine Wahrnehmung, sodass er mich nicht mehr zum Wahnsinn trieb.

Diese Art von Umdeutungsstrategie wird durch die Theorie und Forschung über Vergebung unterstützt. Sie konnte Folgendes zeigen: Selbst wenn ein Arschloch sich nicht entschuldigt und Sie ihm nicht ausdrücklich vergeben, kann es Ihnen helfen, den Ärger zu überwinden, wenn Sie ihm im Herzen vergeben – dies sollten Sie tun, ohne die Beleidigung stillschweigend gutzuheißen, herunterzuspielen oder zu vergessen. Forschungen über Schikanierung und »interpersonelle Transgressionen« wie z. B. Lügen, Beleidigungen und gebrochene Versprechen zeigen, dass Vergeben den Betroffenen hilft, von ihrem schwelenden Groll und den Gedanken an Rache abzulassen.

In einem von der Psychologin Charlotte van Oyen Witvliet und ihren Kollegen durchgeführten Experiment wurden Collegestudenten aufgefordert, an jemanden zu denken, der sie schlecht behandelte, beleidigte oder kränkte.

Als das Experiment im Gange war, wurden die Studenten aufgefordert, zwischen nachtragenden Gedanken, die mit einschlossen, dass sie wütend blickten und »einen Groll hegten«, und versöhnlichen Gedanken abzuwechseln, die »Mitgefühl mit dem Angreifer« und »das Gewähren von Vergebung« beinhalteten. Versöhnliche Gedanken bewirkten, dass die Studenten weniger Wut und Traurigkeit empfanden, dass sich ihr Gefühl, die Kontrolle zu haben, verstärkte und dass die physiologischen Anzeichen für ihre Qualen abnahmen, einschließlich erhöhtem Puls und Blutdruck. Nachtragende Gedanken wirkten sich gegenteilig aus. Diese Studie stimmt mit Forschungen über gemobbte Schulkinder[10] überein, bei denen man feststellte, dass Betroffene, die grausamen Klassenkameraden vergaben, von weniger Sozialphobie und weniger Rachegedanken geplagt werden und ein größeres Selbstwertgefühl entwickeln.

Das Ergebnis ist: Selbst wenn Ihre Peiniger es nicht verdienen, ungeschoren davonzukommen, können Sie sich, wenn Sie ihnen ihre Sünden vergeben, davon frei machen, von ihnen verfolgt zu werden; außerdem werden Sie darin bestärkt, dass Sie Herr Ihres Schicksals sind.

Nehmen Sie es mit Humor. Humor, Scherze und Lachen haben eine dunkle Seite. Der kanadische Wissenschaftler Rod Martin brachte über dreißig Jahre mit Untersuchungen über den Humor und das Lachen zu. Wie Martin in *The Psychology of Humor* aufzeigt, schmerzen Beleidigungen oder Drohungen, die mit Humor oder Spott vorgebracht werden[11], genauso sehr, wenn nicht gar noch mehr, und doch werden sie manchmal von der Gesellschaft eher akzeptiert.

»Entspann dich, es ist ja nur ein Scherz«, lautet eine übliche Ausrede, die Arschlöcher vorbringen, um ihre schrecklichen Worte und Taten zu rechtfertigen. Doch Humor stellt eine Waffe *und* ein Schutzschild dar. Die gegen Sie gerichtete

Grausamkeit oder Gefühllosigkeit als lustig, absurd oder lächerlich zu etikettieren kann den Schaden eindämmen. Forschungen, die sich Martins »Coping Humor Scale«[12], der Skala für Bewältigungshumor, bedienen, zeigen, dass Menschen in quälenden Situationen weniger emotionalen und körperlichen Schaden erleiden, wenn sie in allem das Lustige sehen. Diese Menschen stimmen folgenden Aussagen zu: »Ich habe häufig festgestellt, dass meine Probleme viel harmloser erscheinen, wenn ich versuche, sie in einem heiteren Licht zu sehen« und »Gewöhnlich kann ich sogar einer schwierigen Situation noch eine humorvolle Seite abgewinnen«.[13] Vielleicht stellten Annie Hogh und Andrea Dofradottir aus diesem Grund fest, dass dänische Angestellte, die häufig (sogar täglich) mit beleidigenden und gemeinen Hänseleien konfrontiert waren, öfter zu Humor als Bewältigungsstrategie griffen als jene Angestellten, die gelegentlich oder gar nicht schikaniert wurden. Das Lustige und die Absurdität im Verhalten eines Arschlochs zu finden und sich darauf – sowie auch auf Ihre Reaktion und die der anderen – zu konzentrieren kann offenbar eine schützende Wirkung entfalten.[14]

In diesem Buch haben wir die schützende Kraft des Humors immer wieder erkennen können. Die hier zitierten Betroffenen geben miesen Personen häufig lustige Spitznamen, darunter »Aufsichtsratsloch«, »Arschloch-Chef«, »Darth Vader«, »der Ideen-Mann«, »kein Mentor, sondern ein De-Mentor (Peiniger)«, »Arschloch-Fabrik«, »grinsender Wichser« und »die Seehexe«. Humor hilft meinen Stanford-Kollegen und mir, unseren Schmerz zu lindern. Als ich dieses Kapitel schrieb, hatte ich eine zunächst ernste Unterhaltung mit einer Mitarbeiterin der Stanford University über ihre Chefin, die ein absoluter Kontrollfreak war. Bald amüsierten wir uns über eine Episode aus der TV-Show *The Office* oder der klassischen Filmkomödie *Alles Routine*. Besagte Chefin hatte sich angewöhnt zu kontrollieren, wie lange sich eine ihrer Untergebenen auf der Toilette aufhielt. Nach deren Rückkehr an den Arbeitsplatz bombardierte sie sie mit Fragen wie: »Brauchen Sie wirklich so lange, um Ihr Make-up aufzulegen?« Wir wussten, dass diese Chefin die betroffene Mitarbeiterin in Verlegenheit gebracht und Angst unter den Kollegen verbreitetet hatte, die diese Mätzchen beobachtet und von ihnen gehört hatten – und wir empfanden Mitgefühl für ihre missliche Lage. Doch die offensichtliche Lächerlichkeit der Situation entlockte uns ein Lachen und verwandelte somit etwas, das für uns beide bedrückend war, in eine Quelle des Vergnügens. Das linderte den Schmerz und sorgte dafür, dass wir uns weniger hilflos fühlten – zumindest konnten wir unsere Gefühle verändern, auch wenn wir diesen Unsinn nicht beenden konnten.

Blicken Sie aus der Zukunft zurück. Das Mantra lautet hier: »Auch das wird vorübergehen.« Wenn Sie eine schwere Zeit durchmachen, dann sagen Sie sich, dass es vorübergehend ist. Denken Sie an all die anderen verstörenden Menschen und Probleme, mit denen Sie in der Vergangenheit fertiggeworden sind, und daran, dass sie Sie nicht mehr plagen, wenn Sie heute darauf zurückblicken. Es war keine große Sache, oder es war sogar zu Ihrem Besten. Die Forscher Emma Bruehlman-Senecal und Ozlem Ayduk von der University of California haben die stressreduzierende Wirkung »temporärer Distanzierung« dokumentiert. Sie drücken es wie folgt aus: »Menschen besitzen eine einmalige Fähigkeit, mentale Zeitreisen zu unternehmen. Wir können das Hier und Jetzt überschreiten, indem wir uns die Vergangenheit vergegenwärtigen und die Zukunft vorstellen.«[15]

Die beiden führten sechs Studien durch, die Folgendes aufzeigen: Sind Menschen mit großen und kleinen Stressfaktoren konfrontiert (angefangen von der Beendigung einer langjährigen Beziehung bis zum schlechten Abschneiden bei einem Examen), spüren sie weniger unmittelbare Sorge, Angst, Furcht, Wut, Traurigkeit, Enttäuschung und Schuldgefühle, wenn sie sich darauf fokussieren, wie sie sich in ferner Zukunft fühlen werden (nicht in der nahen Zukunft). Diese Leute stimmen in der Regel Äußerungen zu wie »Ich glaube, in einer Woche werde ich nicht mehr bestürzt sein« und »Ich konzentrierte mich darauf, dass die derzeitigen Auswirkungen des Problems mit der Zeit schwinden werden«.[16]

Es scheint zwei Gründe zu geben, warum eine temporäre Distanzierung bei einer bestehenden Stresssituation hilft. Erstens: Die meisten Menschen sind in Bezug auf die Zukunft optimistischer als auf die Gegenwart. Sie hoffen, dass alles in Zukunft besser sein wird, auch das, was sie im Augenblick belastet. Zweitens: Besonders entscheidend ist die schützende Kraft wahrgenommener Vergänglichkeit. Wenn die Menschen in die ferne Zukunft blicken, sind sie getröstet, wenn sie erkennen, dass ihre derzeitigen Probleme und der damit verbundene emotionale Schmerz nur temporär sind. Sie erinnern sich daran, dass Klischees wie »Auch das geht vorüber«, »Die Zeit heilt alle Wunden« und »Humor ist gleich Tragik plus Zeit« häufig der Wahrheit entsprechen.

Im Umgang mit den Arschlöchern, mit denen Sie es zurzeit zu tun haben, gebe ich Ihnen folgenden Rat: Stellen Sie sich vor, es wären ein paar Stunden, Tage, Monate oder sogar Jahre vergangen (abhängig davon, wie lange Sie mit der Dauer der Schikane rechnen). Fokussieren Sie sich darauf, wie viel weniger erschüttert Sie dann darüber sein werden. Es besteht also kein Anlass, im Augenblick so besorgt und bedrückt zu sein. Eine ehemalige Costco-Kassiererin bat mich um Rat, wie sie mit ihrem unerträglichen Chef fertigwerden könnte. Dieser kritisierte sie ständig, starrte sie wütend an und fluchte leise – innerhalb von sechs Monaten hörte sie höchstens einmal anerkennende Worte von ihm. Sie konzentrierte sich dann ganz darauf, dass die Ereignisse des Tages ihr nicht mehr so wichtig erscheinen würden, wenn sie zu Hause die Tür hinter sich schloss. Und dass das Ganze, wenn sie gekündigt hätte, einfach nur etwas sein würde, das sie hatte durchstehen müssen, um zu einem besseren Job zu wechseln. Dieses Time-Shifting half ihr, viele harte Tage zu überstehen – und sich einen besser bezahlten Job sowie einen besseren Chef zu suchen.

Bedienen Sie sich emotionaler Distanz. Das ist die »Ganz ehrlich, Arschloch, ich pfeif auf dich«-Strategie. Sie kann allerdings nicht unerhebliche Nachteile mit einschließen, auch den Verlust des Jobs. Die wertvollsten und bewunderungswürdigsten Menschen tun alles in ihrer Macht Stehende, um ihren Arbeitskollegen, Ehrenamtsträgern, Kunden und Klienten zu helfen. Wissenschaftler bei Gallup und viele weitere Forscher haben aufgezeigt, dass Angestellte, die sich stärker für ihre Arbeit »engagieren« und sich ihrem Boss und ihren Kollegen mehr verpflichtet fühlen, produktiver, kooperativer, glücklicher und kreativer sowie eher bereit sind, extra Mühen auf sich zu nehmen, und weniger geneigt, den Job zu kündigen. Dagegen hat Distanziertheit die gegenteilige Wirkung und ist in vielen Organisationen und Teams eine regelrechte Plage.[17] Es gibt eine erschreckende Studie über Krankenschwestern mit Burn-out. Sie wurde an 161 Krankenhäusern in Pennsylvania durchgeführt: »Kognitiv distanzierte« Schwestern wuschen die Hände seltener und weniger gründlich, was bei den Patienten zu einer Zunahme von Infektionen der Harnwege sowie Wundinfektionen führte.[18]

Die Lehre daraus ist, dass emotionales Loslassen, sich-Distanzieren (oder wie immer Sie es nennen wollen) eine zuweilen schreckliche und völlig berechenbare menschliche Reaktion auf eine schlimme Situation darstellt. Wenn Menschen Sie wie Dreck behandeln, wird es Ihnen schwerer fallen, diesen Menschen Ihre volle Aufmerksamkeit und Mühe zu schenken. Im Guten wie im Schlechten, diese Umdeutungsstrategie kann große Auswirkungen haben. Wenn Sie die Kunst, sich einen Teufel um Leute zu scheren, die Sie beleidigen, perfekt beherrschen, und Ihre Fähigkeit, sie zu ignorieren, verfeinern, kann dies Ihre geistige Gesundheit retten, Ihre körperliche Gesundheit schützen und Sie davor bewahren, die Menschen, die Sie lieben, zu verletzen.

Auf die Erörterungen zum Thema emotionale Distanz in *Der Arschloch-Faktor* reagierten Hunderte von Lesern mit E-Mails und Gesprächen darüber, wann und wie dieser kognitive Trick angewandt werden sollte.[19] Ich habe im Lauf der Jahre Forschungen über psychische Distanz und die damit verbundenen Bewältigungsmethoden angestellt. Ich betrachte Distanz als Methode, die jeder anwenden sollte, um mit Arschlöchern (und anderen Stressoren) fertigzuwerden, als wirkungsvolles Anästhetikum, das den Menschen hilft, Gespött, Geringschätzung und andere Kränkungen der Seele auszuhalten und sich davon zu erholen. Im Lauf der Jahre habe ich eine etwas nuanciertere Sicht auf Distanzierung entwickelt – grob gesagt, ein Stufenmodell zunehmender Intensität. Der Kernpunkt ist, dass sogar Personen, die mit geringeren Arschloch-Problemen zu kämpfen haben, von etwas Distanz profitieren können. Wenn der Missbrauch ernster und beherrschender wird, ist eine intensivere Distanzierung gerechtfertigt und notwendig. Im Folgenden stelle ich Ihnen mein Modell vor.

Stufe 1: Während der Freizeit abschalten. Das ist die niedrigste Stufe einer Distanzierung – die Idioten am Arbeitsplatz mögen Sie vielleicht zum Wahnsinn treiben, aber wenn

Sie nicht bei der Arbeit sind, ist es hilfreich, Ihre Aufmerksamkeit und Mühe auf etwas anderes zu lenken, damit Sie Ihr Gleichgewicht wiederfinden, das Leben genießen und Kraft für schwere Zeiten schöpfen können. Wenn Angestellte, die sich gegen Aggressionen wehren müssen, zu viel über ihre schrecklichen Chefs, Kollegen oder Kunden nachdenken, ist dies das Symptom einer ernsten Arschloch-Problematik und auch dafür, dass sie schlecht damit zurechtkommen. Denken Sie an den Marketingmanager in Kapitel 2, der sieben Jahre lang in der Ar$chloch-Firma arbeitete. Er litt Qualen, zum Teil deshalb, weil er es nicht schaffte, sich in der Freizeit von seiner Arbeit zu distanzieren. Er sagte: »Ich kam nach der Arbeit nach Hause und wurde ohne jeden Grund gegenüber meiner Partnerin ausfällig.«

Mindestens ein Dutzend Studien bedienen sich einer von Sabine Sonnentag und Charlotte Fritz entwickelten Skala psychologischer Distanz, um die Auswirkung des »Abschaltens« oder der mentalen Distanzierung von der Arbeit während der Freizeit zu untersuchen. Die meisten dieser Studien haben ergeben, dass es den Angestellten besser ging, wenn sie wiederholte Gedanken, Sorgen und Grübeleien über das, was am Arbeitsplatz geschah und geschehen würde, vermeiden konnten. Sie litten weniger unter physischen und psychischen Problemen, unter Schlafstörungen und Erschöpfung, erbrachten bessere Leistungen, waren produktiver und weniger zerrissen zwischen Arbeitsplatz und Familie.[20]

Natürlich besteht die Herausforderung darin, *wie* man Distanz zum Arbeitsplatz schafft. Seit der Einführung des Smartphones sind viele von uns »ständig erreichbar«. Chefs, Mitarbeiter, Freunde, Verwandte und Partner können dazu beitragen, dieses Hindernis zu überwinden. Versuchen Sie, Ihrer Handy-Sucht zu widerstehen. Legen Sie das Handy zur Seite und ignorieren Sie so oft wie möglich Ihre Dienstmails. Und bitten Sie Ihre Kollegen, Freunde und Partner, Sie zu stupsen, wenn Sie rückfällig werden sollten. Oder wenden Sie den Trick an, dessen sich Padmasree Warrior bedient. Diese erfahrene Führungskraft ist zurzeit CEO von US-NexEV, einem Hersteller von Elektroautos. *Fortune* bezeichnete die Managerin als »Königin des Elektroauto-Business«. Der Website von TechRepublic zufolge gönnt sich Warrior am Ende eines jeden Tages zwanzig Minuten Auszeit. Sie »sucht sich eine ruhige Ecke, wo immer sie sich gerade aufhält, schaltet all ihre Elektronikgeräte ab und meditiert«.

Wenn es nicht unbedingt notwendig ist, vermeiden Sie es, nachts oder am Wochenende Dienstmails zu versenden. Und wenn Sie es nicht lassen können, dann machen Sie es zumindest meiner Frau Marina nach. Sie ist CEO der Girl Scouts of Northern California mit ungefähr 150 Beschäftigten. Die Organisation umfasst etwa 44000 Mädchen und 31 erwachsene Freiwillige. Marina arbeitet manchmal bei Nacht und am Wochenende. Es bleibt ihr nichts anderes übrig, wenn sie diesem anspruchsvollen Job gerecht werden will. Aber sie möchte ihren Mitarbeitern nicht vermitteln, dass sie ebenfalls so lange arbeiten müssen. Wenn sie also nachts oder am Wochenende E-Mails schreibt, versendet sie diese, sofern es nicht eilt, erst während der geregelten Arbeitszeit.

Egal, wo Sie arbeiten, es ist hilfreich, wenn Sie kleine Rituale entwickeln, die Ihnen und anderen signalisieren »Ich bin nicht zu erreichen«, und eine klare Trennung zwischen dem Job (oder anderen anspruchsvollen Rollen) und Ihrem übrigen Leben schaffen. Katy DeCelles führte (dieses Mal mit ihrem Kollegen Chen-Bo Zhong) eine weitere Studie zu diesem Thema durch, und zwar mit Justizvollzugsbeamten, die eine Arbeit verrichteten, die als emotional und physisch »dreckig« angesehen wird.[21]

Katy und Chen-Bo fanden heraus, dass es den Beamten half, eine klare und bewusste emotionale Trennung zwischen Arbeitszeit und arbeitsfreier Zeit vorzunehmen, um mit den Beleidigungen, der Wut, der Demütigung und dem physischen Unrat, den ihr Job mit sich brachte, fertigzuwerden. Ein Justizvollzugsbeamter, der eine derartige mentale Distanzierung praktizierte, drückte es so aus: »Ich nehme den Job nicht mit nach Hause, und ich denke, das ist der einzige Grund, warum ich nach elfeinhalb Jahren in diesem Beruf noch nicht dem Wahnsinn anheimgefallen bin.« Die Gefängniswärter bedienten sich verschiedener Rituale, um einen offensichtlichen und vollständigen Übergang von der Arbeit in andere Bereiche zu kennzeichnen. Einer schloss ganz bewusst das Gefängnistor hinter sich, um deutlich zu machen, dass er erst dann wieder Justizvollzugsbeamter war, wenn er seine Arbeit wiederaufnahm. Ein anderer berichtete Katy, dass er »seinen Stress bei der Arbeit auf der ›Stempelkarte‹ zurückließ, indem er ›nach der Arbeit die Hände wusch‹, was ihm half, ›sie nicht mit nach Hause zu nehmen‹.«[22]

Stufe 2: Sich distanzieren oder abschalten, wenn es hart auf hart kommt. Diese Stufe beinhaltet nicht nur, dass Sie sich in Ihrer Freizeit und anderen Auszeiten erholen, sondern schließt auch mit ein, dass Sie auf schlechte Erfahrungen und Menschen reagieren, indem Sie sich so wenig wie möglich engagieren, sondern alles einfach automatisch abspulen, an etwas Erfreulicheres denken und im Allgemeinen mit Fieslingen und hinterhältigen Typen auf emotional distanzierte und oberflächliche Weise umgehen. Wenn Sie dann jedoch Begegnungen mit zivilisierteren Menschen haben, sollten Sie Ihre Zuwendung und Ihr Mitgefühl »einschalten« und sich ihnen voll und ganz widmen.

Auf diese Weise ging eine Sonderschullehrerin in Chicago mit der ständigen Kritik eines Kollegen an ihren Fähigkeiten, ihrem Aussehen und ihrer Piepsstimme um: »Ich hörte ihm nicht mehr zu. Wenn er sprach, dachte ich an die Kinder in meiner Klasse und wie ich ihnen helfen könnte.« Mit dieser Methode überlebte ein Kadett der U.S. Air Force Academy, der wild entschlossen war, sein Examen zu bestehen und Flugzeuge zu fliegen, die Beschimpfungen und Beleidigungen anderer Kadetten. Im Gegensatz zu Becky, der West-Point-Kadettin, gelang es ihm nicht, den Schikanen eine humorvolle Seite abzugewinnen. Stattdessen sagte er: »Wenn ich einem Wichser begegnete, blickte ich durch ihn hindurch und stellte mir vor, dass er gar nicht existierte. Ich sagte mir immer wieder: ›Ich will fliegen.‹« Eine Studie über australische Krankenschwestern in Dialysezentren ergab, dass »emotionale Distanzierung« ihre Hauptbewältigungs-Strategie war – besonders beim Umgang mit aggressiven und beleidigenden Patienten und anderen Schwestern, die sie mit Geringschätzung und Respektlosigkeit behandelten.[23] Eine Schwester berichtete den Forschern: »Ich blockiere, ich denke einfach … ich bin eine Maschine und tue, was ich tun muss.«[24]

Es gibt ähnliche Belege dafür, dass Angestellte sich vor einem dysfunktionalen Konflikt schützen, indem sie die Gefühle »glätten«, die sie empfinden und zum Ausdruck bringen. Eine Studie von Ashley Nixon und ihren Kollegen mit 459 Angestellten ergab, dass die Menschen mit Auseinandersetzungen und Unstimmigkeiten am Arbeitsplatz umgingen, indem »sie ihre offensichtliche Reaktion auf den Konflikt veränderten, beispielsweise durch Mechanismen wie das Unterdrücken negativer Gefühle oder das Vortäuschen positiver Gefühle«.[25] Ähnlich berichteten viele Leser, sie würden auf die Wut und Respektlosigkeit herabwürdigender oder rüder Menschen mit den langweiligsten, schwammigsten und oberflächlichsten Antworten reagieren, zu denen sie fähig seien. Sie sagten, dies sei eine Methode, ihren Peinigern so wenig wie möglich von sich zu offenbaren. Diese

Leser betonten: Wenn man weder mit Wut noch mit prickelnden Details, Traurigkeit oder Schmerz reagiert, sondern die langweiligste und oberflächlichste Version von sich selbst präsentiert, bietet man Arschlöchern weniger Munition für weitere Feindseligkeit. Gleichzeitig ist dies eine passiv-aggressive Form der Rache, da sie viele Fieslinge frustriert und langweilt.

Eine Regierungsangestellte schrieb mir, sie sei das Opfer übler Gerüchte und bösen Klatsches seitens einiger Mitarbeiter sowie offenkundiger »Böswilligkeit« von zwei Chefs. Sie entwickelte eine Reihe »nicht defensiver« Reaktionen, die ihr halfen, Begegnungen mit den Chefs, die sie beleidigten, und widerliche Interaktionen mit »deren Verbündeten« zu überstehen. Diese lange Liste banaler Reaktionen schloss mit ein: »Danke, ich werde das in Erwägung ziehen«, »Ich schätze Ihren Beitrag«, »Ich verstehe«, »Ich habe dies noch nie so gesehen« und »Ich habe keine Meinung dazu«. Sie erklärte, derartige banale Bemerkungen würden ihr helfen, gegenüber Menschen, die entschlossen seien, sie zu kränken, so wenig wie möglich von sich preiszugeben. Diese Bemerkungen lieferten ihnen keine zusätzliche Munition, die sie gegen sie verwenden konnten, und waren so langweilig, dass sie ihr halfen, Unterhaltungen mit »den vielen Arschlöchern« zu beenden. In gesunden Beziehungen gehen die Menschen nicht so miteinander um. Aber wenn gewisse Personen Sie ständig beleidigen und demütigen, schlecht über Sie reden und aggressiv gegen Sie sind, kann eine solch geistlose Sprache emotionale Distanz schaffen.

Einer meiner Kollegen an der Stanford University ergänzt diese Stufe der Distanzierung durch eine geniale Methode. Wenn er ein Meeting mit einer oder mehreren Personen hat, die dazu neigen, gemein, stur oder herablassend zu sein, distanziert er sich, indem er eine »klinische« Perspektive einnimmt. Er gibt vor, die Dinge aus der Sicht eines

Arztes zu sehen, dessen Arbeit darin besteht, diesen faszinierenden, seltenen und extremen Fall von Arschlochigkeit zu diagnostizieren und die beste Behandlung aufzuzeigen. Wenn einer seiner Kollegen etwas besonders Beleidigendes tut, wird er nicht wütend, sondern redet sich ein, großes Glück zu haben, einen solch »faszinierenden Fall« vor sich zu sehen. Und vergleichbar mit einem Arzt, der einen schwer kranken Patienten behandelt, sagt er sich: »Dieser arme Teufel ist in einer schrecklichen Verfassung. Er tut mir so leid.« Mein kreativer Kollege sagt, dass ihm diese »klinische« Umdeutung manchmal helfe, bessere Strategien zu entwickeln, diese schwierigen Charaktere zu bekämpfen und zu beruhigen. Aber selbst wenn sie keine Wirkung auf die Arschlöcher haben sollte, hilft ihm die Distanzierung doch, sich bei schwierigen Meetings von Frust und Wut frei zu machen und nach deren Ende weniger darüber nachzugrübeln.

Stufe 3: Abschalten – (fast) immer und überall. Dies ist die höchste Stufe der Distanziertheit, mindestens knapp davor, emotionale Distanz zu allem und jedem in Ihrem Leben einzunehmen (was keine gesunde Reaktion auf eine Situation ist). Diese Strategie sollte jenen Situationen vorbehalten bleiben, in denen sich Ihre Organisation, Ihr Team, Ihre Schule oder jedweder andere Ort wie eine »Aneinanderreihung von persönlichen Beleidigungen« anfühlt[26], in denen Sie ständig wie Dreck behandelt werden, in denen die Aggressionen aus allen Richtungen kommen oder in denen ständig von oben Dreck auf Sie einprasselt.

Diese Stufe schließt mit ein, dass Sie alles Menschenmögliche tun, um gegenüber den Idioten so wenig wie möglich von sich selbst preiszugeben, dass Sie einfach automatisch agieren und so viele Menschen wie möglich so vollständig wie möglich abschalten – selbst wenn sie direkt vor Ihnen stehen. Wenden Sie stattdessen Ihre Aufmerksamkeit den Menschen zu, die Sie mit Respekt behandeln, dem, was Ihnen am wichtigsten ist, und den vor Ihnen liegenden besseren Zeiten. Ihr Ziel ist es, anderen so wenig wie möglich von sich zu offenbaren, sich aber gleichzeitig vor ihrem Zorn zu schützen.

Meine Mutter brachte mir bei, »dass alles, was es wert ist, getan zu werden, es wert ist, gut getan zu werden«. Nun, sie irrte sich. Wenn Sie von niederträchtigen Menschen umgeben sind, gibt es Dinge, die Sie nach wie vor tun müssen, um Ihren Job zu behalten oder den Frieden zu wahren, doch diese Jobs sind es nicht wert, gut verrichtet zu werden. Ein Ingenieur erklärte mir, sein Chef und der Chef seines Chefs und die Geschäftsleitung würden sein Team so schlecht behandeln, dass sie lediglich zu »MVE« (minimal viable effort, minimale lebensfähige Anstrengung) bereit seien – eine Taktik, die vom MVP-Konzept (minimal viable product, minimales lebensfähiges Produkt) des Bestsellerautors Eric Ries inspiriert wurde. Er sagte: »Wir beschlossen, dass diese Arschlöcher nicht mehr von uns erwarten konnten.«

Extreme Distanzierung hat aber auch viele negative Folgen.

Eine vom Gallup-Institut durchgeführte Untersuchung zeigt: Angestellte, die völlig abgeschaltet haben (sogenannte Arbeitsplatzzombies, die am wenigsten engagiert sind), verzeichnen häufigere Fehlzeiten, kündigen öfter, sind weniger stolz auf ihre Firma und deren Produkte und weniger produktiv.[27] Ich will die Lustlosigkeit und die manchmal ausgesprochen geringen Anstrengungen wenig engagierter Angestellter nicht entschuldigen. Aber viele dysfunktionale Chefs, Teams und Organisationen ernten lediglich, was sie säen – sie haben dazu beigetragen, Angestellte hervorzubringen, die im Hinblick auf ihren Job Wunden davongetragen haben und Tag für Tag darum kämpfen, unerträgliche

Schikanen zu überleben, und die so klug sind, ihre Energie für Menschen aufzusparen, die sie mit Respekt behandeln, und vielleicht dafür, nach einem besseren Job Ausschau zu halten.

Die Grenzen der Umdeutung

In diesem Kapitel habe ich der Zusammenfassung der kognitiven Tricks eine Liste beigefügt, die Ihnen helfen soll, »Das Arschloch-Umdeutungsspiel« zu spielen. Es sind kleine Statements, die dazu beitragen können, Ihre physische und psychische Verfassung zu stärken, wenn Sie es mit gemeinen Menschen und schlechtem Benehmen zu tun haben. Alle basieren auf den Hinweisen und praktischen Tipps, die ich oben aufgeführt habe.

Das Arschloch-Umdeutungsspiel

Kleine Statements, die den Schmerz lindern können

Ich bin nicht allein …

»Viele andere Menschen müssen sich mit demselben hässlichen Problem rumschlagen. Ich bin weder verrückt noch ein schlechter Mensch.«

»Wir haben einander. Zumindest sind wir nicht allein.«

Mich trifft keine Schuld …

»Ich darf es nicht persönlich nehmen. Es ist nicht meine Schuld, wenn er sich wie ein Arschloch aufführt.«

»Sie ist diejenige, die sich schlecht fühlen sollte, nicht ich.«

Die Bedrohung herunterspielen …

»Ja, sie ist ein Arschloch, aber ich habe schon viel schlimmere erlebt.«

»Die Arschlöcher hier sind Weicheier, verglichen mit denen anderer Firmen.«

Sich auf den Silberstreif konzentrieren …

»Doch unter all dem Mist, den ein Arschloch produziert, befinden sich auch positive Aspekte.«

»Er gibt uns allen so viel, dass es sich lohnt, seinen Mist zu tolerieren.«

Drüberstehen …

»Ich werde mich nicht auf ihr Niveau herablassen. Ich stehe darüber.«

»Wenn die anderen sich nicht benehmen können, antworten wir mit Anstand und Stil.«

Sympathie für den Teufel ...

»Er ist zwar ein Arschloch, aber er hat eine so schlimme Zeit hinter sich, dass ich es ihm nicht übel nehme.«

»Ich werde nicht vergessen, was sie mir angetan hat. Aber ich kann nachvollziehen, weshalb sie so gemein war, auch wenn sie im Unrecht war. Ich vergebe ihr. Das ist besser für mich.«

Es mit Humor nehmen ...

»Es ist besser, zu lachen als zu weinen. Und diese Wichser sind wirklich ziemlich komisch.«

Aus der Zukunft zurückblicken ...

»Auch das geht vorüber. Die Zeit heilt alle Wunden.«

»Wenn ich später darauf zurückblicke, wird es mir banal erscheinen.«

Sich emotional distanzieren ...

Stufe 1: »Ich werde heute Abend einfach etwas anderes tun und an etwas Erfreulicheres denken.«

Stufe 2: »Wenn sich diese Idiotin aufspielt, schalte ich ab und stelle mir vor, dass sie gar nicht da ist« oder »Ich tue so, als wäre ich von Beruf Arzt und würde einen faszinierenden Fall von Arschlochigkeit diagnostizieren, der, je extremer und bizarrer, nur umso faszinierender ist«.

Stufe 3: »Diese schrecklichen Leute sind mir egal. Ich gebe ihnen so wenig wie möglich von mir, erledige einfach alles mechanisch und achte darauf, dass diese Arschlöcher mich nicht berühren.«

Sich lediglich auf derartige kognitive Tricks zu stützen ist jedoch eine gefährliche Überlebensstrategie. Sie kann die Arschloch-Blindheit verstärken, die in Kapitel 3 besprochen wurde. Eine Umdeutung allein ändert nichts an dem, was

Ihnen oder anderen Betroffenen zugefügt wird; sie ändert auch nicht die Fieslinge, von denen Sie umgeben sind. Sie kann lediglich Ihre Einstellung zu den Umständen verändern.

Die Umdeutung ist ein zweischneidiges Schwert. Einige dieser kleinen Statements erinnern an die in Kapitel 3 aufgelisteten zehn Lügen, die die Arschloch-Blindheit verstärken, Sie blind gegenüber jenen Situationen machen, in denen es bei Weitem klüger wäre, zerstörerischen Menschen aus dem Weg zu gehen und den Kontakt mit ihnen zu reduzieren. Und es könnte Sie davon abhalten, gegen Fieslinge und hinterhältige Typen zu kämpfen, die Sie wirklich bessern, besiegen oder vertreiben könnten. Kurzum: Die Umdeutung allein ist eine besonders zweifelhafte Strategie, wenn Sie mit der aggressivsten und schädlichsten Art von Arschlöchern konfrontiert sind. Ja, manchmal ist es für Opfer, die in einer schrecklichen Lage feststecken, erforderlich, auf das Umdeuten zurückzugreifen, aber nur als letzter Ausweg.

Wäre das Umdeuten ein verschreibungspflichtiges Medikament statt einer Bewältigungsstrategie, würde ich einen Warnaufkleber hinzufügen. Darauf wäre zu lesen: »Nur mit größter Vorsicht im Fall von anhaltendem, extremem oder ungesetzlichem Missbrauch zu verwenden, einschließlich – wenn auch nicht darauf beschränkt – sexueller Belästigung, offenem oder vorsätzlichem Rassismus, indirekten oder ausdrücklichen Androhungen von Körperverletzung, sexuellen Übergriffen und anderen brutalen oder physisch gefährdenden Handlungen. Nebenwirkungen können Leugnen und eine ausbleibende Reduzierung des objektiven Missbrauchs mit einschließen.«

Jetzt ist es an der Zeit, über den Gegenangriff zu sprechen.

6 Zum Gegenangriff übergehen

Machen Sie sich keine Illusionen. Der Kampf gegen die Arschlöcher ist ein riskantes Unterfangen. Bemerken diese, dass Sie ihr fieses Verhalten und ihre Verachtung einfach abwürgen wollen, werden Sie sie erst recht reizen und ihre Rachsucht wecken – und die Arschlöcher werden es Ihnen heimzahlen. Deshalb verlangen die hier beschriebenen Strategien zur Besserung, Abwehr, Überwindung oder Vertreibung des Bösen noch mehr Bedacht und Umsicht als die aus den vorangehenden Kapiteln. Dort geht es darum, von diesen Fieslingen loszukommen oder ihnen von vornherein aus dem Weg zu gehen, bzw. die eigene Haltung zu diesen zu überdenken und eben nicht darum, deren Einfluss, Ansehen und Gewalttätigkeit etwas entgegenzusetzen oder diese abzumildern.

Wenn ein Arschloch-Problem richtig eklig wird, fühlen Sie sich vermutlich gereizt und verspüren das dringende Bedürfnis, dem Fiesling SOFORT das Handwerk zu legen. In der Regel ist es jedoch klüger, dem Drang nach unmittelbarer Satisfaktion zu widerstehen, tief durchzuatmen und einen Schlachtplan zu entwerfen. Ihr spontanes Urteil könnte ja auch fehlerhaft sein. Wenn das Kind in den Brunnen gefallen ist, ist es – selbst wenn die Zeit knapp ist – nicht verkehrt, erst einmal den eigenen spontanen Impuls zu hinterfragen und andere Optionen zu erwägen, die helfen könnten, dumme Fehler zu vermeiden. Wir erinnern uns an die Mahnung von Nobelpreisträger Daniel Kahneman aus Kapitel 2: Vor einer lästigen und folgenschweren Entscheidung empfiehlt es sich, nichts zu überstürzen, die Situation zu analysieren, verschiedene Alternativen abzuwägen und den Rat von Leuten einzuholen, denen Sie vertrauen, bevor Sie zur Tat schreiten.[1]

Denken Sie dabei vor allem an drei Hilfsmittel – und daran, wie sich Ihre Situation darstellt und wie Sie vielleicht noch mehr herausholen können. Erstens: Wie viel *Macht* haben Sie verglichen mit den Arschlöchern? Je weniger Macht Sie haben, desto einfacher haben es die Widerlinge, ungestraft davonzukommen, desto weniger Optionen bleiben Ihnen, und desto größer wird das Risiko für Sie. Je weniger Spielraum Ihnen bleibt, desto wichtiger wird Kahnemans Ratschlag, erst einmal den Ball flach zu halten und nicht dem ersten Impuls nachzugeben. Denken Sie an den Angestellten, der mich um Rat fragte, als der Verlust seiner Anstellung drohte. Einige Tage zuvor hatte er einem Manager gesagt, »er könne ihn mal kreuzweise«, nachdem jener eine herablassende Bemerkung über seinen Beruf fallen gelassen hatte. Zu allem Übel war, wie er sagte, »der Manager gerade zusammen mit dem Chef im Raum, und ich griff auch gleich noch den Chef an, weil er dessen Verhalten zuließ«. Diesem Heißsporn konnte ich wirklich nicht mehr helfen. Es war zu spät; er hatte zwei mächtige Leute beleidigt. Ich drängte ihn sehr wohl, sich zu entschuldigen, aber davon wollte er nichts wissen – schließlich hatte »das Arschloch mit dem Mist angefangen« und nicht er. Natürlich verärgerte das seine Vorgesetzten zusätzlich und forderte die darauffolgenden Sanktionen erst recht heraus. Aber es geht nicht darum, wie niederträchtig sich dieser Manager verhalten hat: Der Angestellte wäre in jedem Fall besser beraten gewesen, seinen Zorn für sich zu behalten und Verbündete zu suchen, um die eigene Macht zu stärken und im richtigen Moment zum angemessenen Gegenschlag auszuholen. Übertriebenes Selbstvertrauen steht einem gesunden Urteil über die Machtverhältnisse oft im Weg. In einem Interview im *Guardian* im Juli 2015 sagte Kahneman, Selbstüberschätzung sei diejenige menschliche Voreingenommenheit, »die er, wäre er im Besitz eines Zauberstabs, am allerliebsten aus der Welt schaffen würde«, weil sie zu so vielen schrecklichen Fehlentscheidungen führt. Es ist gefährlich, sich auf die eigene Fähigkeit, Idioten in die Schranken zu weisen, etwas einzubilden. Die neue Personalchefin eines Unternehmens der *Fortune*-Liste der »100 besten Arbeitgeber« prahlte mir gegenüber einmal, sie würde alle Führungskräfte feuern, die sich besonders rücksichtslos verhielten. Ich fragte sie, ob sie es für klug halte, so kurz nach dem Antreten der Stelle so schnell derartige Entscheidungen zu treffen. Daraufhin versicherte sie mir, der CEO stehe auf ihrer Seite, und sie habe das Mandat, diese Leute zu feuern. Da lag sie falsch. Die Arschlöcher gingen zum Chef und überzeugten ihn davon, dass er auf die neue Personalchefin eher verzichten könne als auf sie, die Arschlöcher – ein paar Wochen später war sie den Job wieder los.

Das zweite Mittel ist die *Dokumentation*. Je sattelfester die Beweislage, desto einfacher lässt sich eine Situation à la »er hat gesagt, sie hat gesagt« vermeiden, in der lediglich Ihr Wort gegen das der Arschlöcher steht. Sichern Sie beim ersten Anzeichen von Ärger Ihre E-Mails und sonstige Kommunikation in sozialen Medien und bewahren Sie alles sorgfältig auf – machen Sie, wenn möglich, vielleicht sogar Fotos oder Videos. Ermutigen Sie weitere Opfer und andere Verbündete, dasselbe zu tun. Und halten Sie sich akribisch an die jeweiligen Regeln und Gesetze, die können nämlich stark variieren. Gegenwärtig verlangen Kalifornien, Florida und vielleicht noch zehn weitere US-Bundesstaaten offenbar die »Einigung aller beteiligten Parteien«; es ist dort ungesetzlich, Telefonate oder andere Gespräche ohne Genehmigung durch die Gesprächspartner aufzuzeichnen – so auch in Deutschland. In rund vierzig anderen US-Bundesstaaten darf man solche Aufnahmen anscheinend sehr wohl ohne Einwilligung der anderen Seite anfertigen, darunter in New York, Colorado und Virginia.[2]

Der Tipp mit der Dokumentation ist naheliegend, aber viele Leute beachten ihn trotzdem nicht. Ich weiß von Dutzenden Opfern, die zu spät oder gar nicht begannen, Beweise zu sammeln – entsprechend schwer fiel es ihnen, sich gegen ihre Peiniger zu wehren oder diese zu besiegen. Saubere und überzeugende Beweise verhelfen Ihnen zu Argumenten und Legitimität, wenn Sie zum großen Chef oder zur Personalabteilung gehen, um sich zu beschweren. Und lassen die Sie abblitzen, haben Sie Munition, wenn Sie Hilfe bei Ihrer Gewerkschaft suchen, rechtliche Schritte einleiten oder die Medien einschalten wollen. Im Juli 2016 verklagte Gretchen Carlson, Moderatorin bei Fox News, den Gründer und Vorsitzenden des Senders, Roger Ailes – immerhin einer der mächtigsten Medienbosse der Welt –, weil dieser sie aus dem Job gedrängt hatte, nachdem sie sich geweigert hatte, seinen sexuellen Avancen nachzugeben, und sich auch noch über den Sexismus anderer Kollegen bei Fox beklagt hatte. Im Verfahren dementierte Ailes die Vorwürfe vehement, das Management des Senders drückte ihm sein »vollstes Vertrauen« aus, und Aussagen von Fox-Stars wie Brit Hume, Sean Hannity und Greta Van Susteren bescheinigten Ailes einen untadeligen Charakter.

Aber innerhalb von zwei Monaten war Ailes seinen Job los, Fox einigte sich mit Carlson auf eine Abfindung von zwanzig Millionen Dollar, und das Unternehmen entschuldigte sich in aller Öffentlichkeit: »Gretchen wurde nicht mit dem Respekt und der Würde behandelt, die sie und alle unsere Kollegen verdienen.« Die Anwälte, die Fox bei der prominenten Kanzlei Paul, Weiss, Rifkind, Wharton & Garrison angeheuert hatte, legten umfassende Beweise für sexuelle Belästigungen durch Ailes vor; rund zwanzig weitere Frauen berichteten über sein unangemessenes Verhalten. Laut einer Story in der *New York Times* im September 2016 stammten besonders schlagende Beweise aus geheimen Aufnahmen, die Carlson über einen Zeitraum von achtzehn Monaten mit ihrem Handy bei Treffen mit Ailes gemacht hatte. Darunter waren so erlesene Gemeinheiten wie Ailes' folgender Vorschlag an Carlson: »Ich denke, wir beide hätten schon längst miteinander ins Bett gehen sollen, dann würde es dir besser gehen, und mir würde es auch besser gehen.«

Sie laufen allerdings auch Gefahr, eine Grenze zu überschreiten, wenn Sie allzu fixiert darauf sind, jede Kränkung und Beleidigung beweiskräftig festhalten zu wollen und andere drängen, es Ihnen gleichzutun und ihre Beweise mit Ihnen zu teilen. Akademisch ausgedrückt, handelte es sich dann um einen Fall von »nichtklinischer Paranoia«, also einer »Form erhöhten und übertriebenen Misstrauens« einschließlich der »Wahrnehmung, von böswilligen Personen bedroht, verletzt, verfolgt, misshandelt, verunglimpft usw. zu werden«. Nach Angaben der Wissenschaftler MeowLan Evelyn Chan und Daniel McAllister führen übersteigertes Misstrauen, starke Ängste und Befürchtungen gegenüber Kollegen dazu, dass Mitarbeiter übertrieben wachsam werden und sich nur noch auf das Schlechte fixieren und das Gute völlig ausblenden – sie wähnen dann selbst hinter den harmlosesten Handlungen böse Absichten.[3] Sammelt man wie besessen jeden Krümel Beweismaterial über Belästigungen, läuft man Gefahr, ein Monster zu kreieren – und interpretiert Handlungen angeblicher Feinde viel negativer als angemessen, man wird blind für das Gute, das vonseiten der scheinbar Bösen auch kommen könnte.

Der Satz »Bloß weil du paranoid bist, muss das ja nicht heißen, dass sie nicht doch hinter dir her sind« trifft allerdings manchmal auch zu. Rod Kramer, mein Kollege in Stanford, verweist auf den Schriftsteller Ernest Hemingway. Der war überzeugt, das FBI hätte ihn seit Jahren im Visier, sein Telefon würde abgehört und Spione würden seine Post abfangen.[4] Hemingway beklagte sich über Männer in dunklen Anzügen, die er verdächtigte, ihn auszuspionieren, und manchmal konfrontierte er diese Männer auch direkt mit dem Vorwurf, wenn er sie in Bars oder Restaurants stellen konnte. Freunde und Verwandte gaben sich alle Mühe, ihm zu versichern, das seien ganz normale Leute und das FBI wolle nichts von ihm. Psychiater, die Hemingway behandelten, sahen in dieser Obsession ein Symptom für »klinische Paranoia«. Aber Hemingway hatte recht. 1942 startete FBI-Chef J. Edgar Hoover ein »intensives Überwachungsprogramm« gegen den weltberühmten Schriftsteller, das bis zu dessen Selbstmord 1961 Bestand hatte. Als Hemingway 1960 in stationäre Behandlung ging (wo seine Depressionen mit Elektroschocks behandelt wurden), klagte er gegenüber den Ärzten, das Klicken in seinem Telefon würde beweisen, dass das FBI mithörte. Die Ärzte sahen darin einen weiteren Beleg für seinen Verfolgungswahn. Vielleicht war es das ja, aber aus Hemingways umfangreicher FBI-Akte (die unter dem U.S. Freedom of Information Act freigegeben wurde) geht hervor, dass das Telefon tatsächlich angezapft worden war.

Das dritte Hilfsmittel taucht in diesem Buch immer wieder auf, nämlich *Einigkeit* oder *Solidarität*. Manchmal muss man einen einsamen Kampf führen, aber die Erfolgschancen stehen besser, wenn man Mitstreiter hat. Mit Verbündeten hat man mehr Macht, man kann sich gegenseitig Mut zusprechen, schwere Zeiten durchzustehen, und Skeptiker lassen sich eher überzeugen, dass man eben kein durchgeknallter Einzelkämpfer ist (genau dies war ein Teil von Hemingways Problem).

Die Professorin Pamela Lutgen-Sandvik fand im Rahmen einer Studie heraus, dass bei Angestellten, die gemeinsam auftraten, die Behörden in 58 Prozent der Fälle die Peiniger bestraften und keiner der Angestellten entlassen wurde.[5] Kämpften die Angestellten hingegen für sich allein, wurden nur 27 Prozent der Peiniger ihrer Strafe zugeführt, und 20 Prozent der Opfer verloren ihren Job. Lutgen-Sandvik berichtete beispielsweise, wie sich, nachdem einige Lehrer ein Mitglied der Schulleitung über einen mobbenden Mitarbeiter informiert hatten, alle Schleusen öffneten und viele weitere Opfer den Schritt an die Öffentlichkeit wagten. Einer der Lehrer erklärte das so:

> *Es ist genauso wie bei den kleinen Jungs, die von Priestern sexuell missbraucht werden … wenn einer von ihnen den Mund aufmacht, trauen sich dann auch die anderen aus der Deckung? Nun, bei uns war es jedenfalls so. Sobald wir mit Bob [im Schulvorstand] geredet hatten, fanden viele weitere Lehrer den Mut zu sagen: »Hey, hier läuft etwas falsch.« Wissen Sie, was ich meine? Sie hatten danach einfach weniger Angst.*[6]

Besonders hilfreich können Menschen sein, die schon früher von Ihrem Peiniger gequält wurden, aber irgendwie entkommen sind. Ein Ethikprofessor schrieb mir, dass Schul- und Uni-Absolventen ihn fragten, wie sie mit gemeinen und unethischen Vorgesetzten an der Universität umgehen sollten. Er sagte ihnen dann, sie sollten den Kontakt zu »jedem suchen, der das Arschloch kennt«, schließlich seien das die »natürlichen Verbündeten«. Der Professor erzählte von einem Postdoktoranden, der Kontakt mit einem der Untergebenen seines schrecklichen Chefs aufgenommen hatte –

dieser Leidensgenosse bot ihm emotionale Unterstützung, schloss sich den Beschwerden über den Chef bei der Verwaltung an (traf auch Maßnahmen zum Schutz des Postdoktoranden) und verhalf dem Studenten zu einer besseren Stelle in einem anderen Labor.

Kommen wir nun zu den Strategien, die es für den Kampf gegen die Arschlöcher braucht; ich zeige auf, wie und wann sie einzusetzen sind, warum sie funktionieren (und warum manchmal nicht) und komme dabei immer wieder auf jene drei Hilfsmittel zurück.

Ruhe, Vernunft, offene Konfrontation. Das ist die zivilisierte Form der Auseinandersetzung. Sie nehmen die Missetäter beiseite, erklären ihnen schonend und in aller Ruhe, dass sie Sie oder andere verletzen – und bitten Sie, das zu lassen. Wie wir in Kapitel 7 sehen werden, sind wir Menschen mit einer zumindest vagen Wahrnehmung darüber ausgestattet, wie sich unser Handeln auf andere auswirkt. Kontrolliertes und offenherziges negatives Feedback kann Fieslinge, die unter großen blinden Flecken leiden, aufrütteln und verändern. Dieses Vorgehen funktioniert ganz gut bei gelegentlichen oder ahnungslosen Arschlöchern, wenn Sie ein Vertrauensverhältnis zu diesen unterhalten oder Macht über sie haben. Am besten funktioniert diese Strategie bei Leuten, die stolz auf ihre gute Kinderstube sind – und bei dem Gedanken erschaudern, andere könnten sie hinter ihrem Rücken als Arschlöcher titulieren. Der wohlmeinende, aber ahnungslose und mir bekannte CEO einer Firma war gänzlich schockiert, als ihn zwei weibliche Vorstandsmitglieder nach einem Meeting beiseitenahmen und ihn sanft ermahnten. Die Frauen – sie hatten sorgfältig mitgezählt – ließen den CEO wissen, er sei ihnen beiden jeweils mindestens sechs Mal ins Wort gefallen, den vier männlichen Vorstandskollegen hingegen kein einziges Mal.

Der Chef war ebenso verblüfft wie peinlich berührt, bat

um Vergebung und darum, sie möchten bitte weiter seine Unterbrechungen festhalten, und er ersuchte sie, seine sexistischen Verhaltensweisen zu unterbinden. Er wollte sich nie wieder solche Vorwürfe machen müssen.

Ruhe und Anstand zu bewahren kann auch bei weniger eindrucksvollen Übeltätern helfen. Sie müssen sich vielleicht nur ein wenig deutlicher bemerkbar machen. Ein Manager bei einem großen Versorgungsbetrieb schrieb mir, an seinem Arbeitsplatz wimmele es nur so von Arschlöchern, obwohl die Firmenleitung überdeutlich auf die Einhaltung der »zentralen Werte« des Unternehmens hinwies – auch schriftlich mit Tafeln an den Wänden und auf der Firmen-Website. Der Manager beobachtete mehr als einmal Diskrepanzen zwischen derlei hochtrabender Rhetorik und den diversen entwürdigenden Anweisungen, die man den Mitarbeitern aufbürdete. Also pochte er auf diese Werte, wann immer Kollegen dagegen verstießen.

Er berichtete von einem Meeting mit anderen Managern, bei dem es – in einem Jahr mit knappem Budget – um Gehaltsfragen ging, also darum, wie viel man den Mitarbeitern zahlen sollte. Einer der unangenehmeren Kollegen meinte: »Die sollen froh sein, dass sie überhaupt einen Job haben.« Der Manager antwortete höflich, aber bestimmt: »Schön und gut, aber können Sie mir sagen, für welche unserer zentralen Werte das steht – Integrität, Respekt, Teamwork vielleicht? Nein, im Ernst … Ich möchte wissen, wie dies zur Gesamtausrichtung unseres Unternehmens passt und wie wir das unseren Mitarbeitern und der zahlenden Kundschaft kommunizieren sollen.« Er schrieb mir: »Ich finde, wenn man die Gelegenheit ergreift, eine sanfte Erinnerung an die zentralen Werte, denen wir verpflichtet sind, in die Runde zu werfen, geben die A…löcher recht schnell klein bei, halten sich mit Äußerungen zurück und überdenken ihre Taktik von Neuem.«

Und beachten Sie schließlich den Brief, den der britische Premierminister Winston Churchill am 27. Juni 1940 von seiner Frau Clementine erhielt – die Nachrichten über den Zweiten Weltkrieg wurden für Großbritannien immer schlimmer, und Churchill ließ seine Ängste an seinem Mitarbeiterstab aus. Clementine schrieb: »Einer der Männer in deiner Entourage (ein treuer Freund) war hier & erzählte mir, es bestehe die Gefahr, du würdest dir mit deiner groben sarkastischen & herrischen Art die generelle Abneigung deiner Kollegen und Untergebenen zuziehen.« Clementine führte einige hässliche Details an und schrieb weiter: »Ich war erstaunt & peinlich berührt, denn in all diesen Jahren hatte ich mich daran gewöhnt, dass dich alle, die mit & unter dir tätig sind, wirklich mögen.« Und weiter: »Mein lieber Winston – ich muss gestehen, dass ich eine Verschlechterung deines Betragens bemerkt habe; & du bist nicht mehr so nett, wie du einmal warst.« Sie gab ihm folgenden Rat: »Du musst versuchen, deine enorme Machtfülle mit Weltgewandtheit, Freundlichkeit und, nach Möglichkeit, einer olympischen Ruhe zu verbinden.« Clementine schloss mit den Worten: »Mit Jähzorn und Grobheit wirst du nicht nur keine guten Ergebnisse erzielen. Du wirst damit auch Abneigung oder eine Sklavenmentalität provozieren.«

Die drei genannten Beispiele sind sehr unterschiedlich, aber zwei Elemente einer effektiven Konfrontation sind ihnen allen gemein – das gilt auch noch, wenn die Begegnung keineswegs ruhig, sondern laut und wuterfüllt abläuft. Forschungen über »moralischen Zorn« und »gerechten Zorn«[7] legen nahe, dass Konfrontation bei Missetätern unter den folgenden Voraussetzungen am ehesten zu Veränderungen führen, auf gesellschaftliche Akzeptanz treffen und Unterstützung generieren kann:

1. Die Konfrontation ist berechtigt – es liegen stichhaltige Beweise vor, dass die Person etwas Böses tut.
2. Das Motiv für die Konfrontation ist konstruktiver Natur und zielt auf die Verbesserung des großen Ganzen ab – sie entspringt nicht bloß dem selbstsüchtigen, rachsüchtigen oder irrationalen Drang, einem Feind oder Gegenspieler eins auszuwischen.

Der wunderbare Brief von Clementine an Winston Churchill illustriert beide Prinzipien. Zunächst wusste sie aus eigener Erfahrung mit ihrem Mann und durch die Informationen ihres »treuen Freundes«, dass Winstons »Jähzorn & Grobheit« zunahmen. Und sie meinte weiter, »wenn eine Idee (etwa bei einer Konferenz) ins Gespräch kommt, erwartet man von dir mittlerweile schon eine derart verächtliche Reaktion, dass gegenwärtig gar keine Ideen mehr, seien sie gut oder schlecht, auf den Tisch kommen«. Zweitens bestand ihre Motivation darin, dem Mitarbeiterstab, England und seinen Alliierten zu dienen. Clementines Brief wurde in erster Linie im Namen anderer geschrieben, denen es an der Macht fehlte, die sie über Winston hatte. Und ihr Nachsatz vermittelt, dass ihre Kritik keineswegs eine übereilte Entscheidung darstellte: »Ich habe dies letzten Sonntag bei Chequers geschrieben, wieder zerrissen, aber hier steht es nun.«[8]

Aggressive Konfrontation. Normalerweise ist es keine gute Idee, jemanden ein »Arschloch« zu nennen – vor allem dann nicht, wenn es aus spontaner Wut heraus und in Gegenwart anderer geschieht. Ganz gleich, wie treffend diese Bezeichnung sein mag, sie wird offensichtlich denjenigen selbst als Arschloch dastehen lassen, der sie von sich gibt. So schrieb mir etwa eine ehemalige Mitarbeiterin eines Baumarkts, sie sei gefeuert worden, nachdem sie einen Kollegen als »Arschloch« tituliert hatte. Sie bat mich, ihre Chefs zu drängen, die Entscheidung rückgängig zu machen, schließlich hätte sie doch nur versucht, die Anti-Arschloch-Regel durchzusetzen. Ich weigerte mich. Das Wort gegenüber Menschen anzuwenden und gar auszusprechen, die Sie beleidigen, ist nicht nur in der Regel grob; es gießt Öl ins Feuer – und kann noch mehr Widerstand und Gehässigkeit hervorrufen. Der Mennonitenpastor Arthur Paul Boers erteilt einen ähnlichen Rat in seinem Buch *Never Call Them Jerks.*[9] Boers merkt an, wenn Geistliche feindlich und selbstsüchtig sind, ist es beleidigend, diese mit einem Schimpfwort wie »Jerk« zu belegen, und es lenkt von einem konstruktiven Ansatz zur Reparatur von Beziehungen und zum Verändern von Verhaltensweisen ab.

Es deutet jedoch viel darauf hin, dass beim Umgang mit bestimmten Arten eigensüchtiger Idioten das Erwidern des Feuers funktionieren kann (auch wenn ich eine zivilisiertere Reaktion als ein schlichtes »Du Arschloch« empfehle). Manchmal müssen Sie Menschen erst davon überzeugen, dass Sie kein Fußabtreter sind, auf dem die anderen herumtrampeln dürfen, sonst werden diese noch gemeiner und egoistischer und betrachten Ihre Freundlichkeit als Zeichen von Schwäche. Eine ungarische Studie aus dem Jahr 2015 zeigt, dass Menschen mit machiavellistischem Charakter[10] – Egoisten, die »andere Menschen als bloße Mittel zum Zweck betrachten, die eigenen Ziele zu verfolgen« – Gehirne besitzen, die in den »Overdrive«-Modus umschalten, wenn sie mit »fairen und kooperativen« Leuten zu tun haben. Diese bösartigen »Absahner« beginnen unverzüglich damit, andere Leute für ihre eigenen Zwecke einzuspannen und auszunutzen – legen aber den Rückwärtsgang ein, sobald sie auf Menschen treffen, die so unkooperativ und selbstsüchtig sind wie sie selbst.

Entsprechende Forschungen lassen darauf schließen, dass kräftiges Dagegenhalten – ein böser Blick, Stimme heben,

Drohungen bis hin zu Wutausbrüchen – helfen kann, um Typen in die Schranken zu weisen, die glauben, etwas erreichen zu können, indem sie den guten Ruf anderer für sich nutzen und auf deren Gefühlen herumtrampeln. Mein Stanford-Kollege Rod Kramer hat dafür den Begriff »porcupine power«[11] erfunden – die Macht des Stachelschweins. Eine Managerin berichtete mir, wie sie mittels Erwidern des Feuers »ein Riesen-Arschloch« abzuschrecken vermochte, mit dem sie zu tun hatte (ein pensionierter Major, berüchtigt für seine Beleidigungen und Respektlosigkeiten). Zuerst versuchte sie, nett zu ihm zu sein. Er jedoch machte sie immer mehr herunter und begann, ihre Leute und ihr Budget für seine Projekte einzuspannen. Die Managerin erkannte, dass er ihr Entgegenkommen als Zeichen von Schwäche interpretierte. Sie ging dann in sein Büro, »starrte ihn unverwandt an« und ließ ihn wissen, sein Verhalten sei »absolut inakzeptabel« und sie würde das schlicht nicht tolerieren. Und siehe da: Der Exmajor zog den Schwanz ein. Die Macht des Stachelschweins war die einzige Sprache, die er verstand.

Wenn Sie es mit einem aufdringlichen Deppen zu tun haben, dem das Gemeinwohl am Arsch vorbeigeht, kann ein Aufblitzen gerechten Zorns, selbst wenn der Typ Macht über Sie hat, das richtige Mittel sein, um ihn in die Schranken zu weisen. Der Chefingenieur des »Premiumprodukts« einer Softwarefirma schrieb mir, sein Team sei gerade dabei gewesen, die »finale Fassung« vor der Veröffentlichung eines Updates zusammenzustellen. Da rauschte die rechte Hand des Chefs herein und »RUDERTE WORTWÖRTLICH MIT DEN ARMEN«. Die »rechte Hand« ließ wissen, bevor das Software-Update rausgehe, müsse sich das Team einiges an neuer Dokumentation ansehen. Der Chefingenieur sagte ihm, dafür werde das Team ca. zwanzig Minuten brauchen. Dies wiederum provozierte »einen wichtigtuerischen Wortschwall, dass das ja wohl unmöglich zwanzig Minuten dauern könne, er sei schließlich die rechte Hand des Chefs«, und das müsse gefälligst schneller gehen. In den Worten des Chefingenieurs:

> *Mein gesamtes Team stand im Großraumbüro hinter der Labertasche zusammen, während dieser mich über die Schulter hinweg ansah und abwartete, was ich wohl vorhätte. Dann laberte er weiter, wie wichtig es sei, dass das schnellstmöglich erledigt würde, und es sei absolut dringlich, das Software-Release nicht zu stoppen, schließlich hätte er dem Chef bereits gesagt, dass für die Freigabe des Updates alles vorbereitet sei. Als er mit seiner Suada fertig war, stierte ich ihm weiter in die Augen, sagte nur »25 Minuten« und knallte ihm die Tür vor der Nase zu.*

Mit dem Zuschlagen der Tür drückte der Ingenieur gerechten Zorn im Sinn des Gemeinwohls seines Teams und des Unternehmens aus (aber natürlich machte es ihm auch Spaß, der »rechten Hand« eins reinzuwürgen). Und die Begeisterung seines Teams war ihm damit gewiss.

Es gibt noch andere Gelegenheiten, bei denen subtile »passiv-aggressive« Konfrontation der beste Weg ist, das Gegenüber wissen zu lassen: »Du benimmst dich wie ein Idiot, ich will, dass du damit aufhörst.« Immerhin gilt, je nach der Kultur der Firma oder des Landes, in dem sich das Geschehen abspielt, direkte Konfrontation als verpönt. Und wenn Sie kurze Begegnungen mit solchen Grobianen haben – sei es ein Kunde, ein Fremder in Ihrer Kirche oder im Restaurant, Theater oder Stadion –, kann der Angriff ins Leere oder sogar nach hinten losgehen, wenn Sie den anderen bitten, den Ball flach zu halten, ein »Psst!« vernehmen lassen oder Sie ihn einfach nur anstarren. Schließlich wissen Sie nicht, mit wem Sie es zu tun haben. Ein Leser schickte mir eine wunderbare Geschichte über einen Kinobesuch. Er sah sich zusammen mit einem Freund *Stirb langsam 4.0* an. Ein paar Leute, die hinter ihnen saßen, redeten den ganzen Film hindurch, »machten sich über alles Mögliche lustig und störten einfach die ganze Zeit«. Er probierte zunächst »das Übliche«, also den bösen Blick über die Schulter, aber das führte zu nichts. Schließlich, »während einer längeren ruhigen Szene, wandte ich mich an meinen Freund und sagte ziemlich laut: ›Und, worüber möchtest DU dich unterhalten?‹ Der Freund antwortete, ebenfalls ziemlich laut: ›Weiß auch nicht recht, vielleicht warten wir einfach bis nachher.‹ Das hat funktioniert – die Typen hinter uns hielten für den Rest des Films den Schnabel.« Der Trick (Klappe halten!) kam an, nämlich bei den nervigen Idioten hinter den beiden, »und es war auch irgendwie witzig und vermied jede Eskalation«.

Wie in Kapitel 5 beschrieben, können Beleidigungen und Zurechtweisungen noch treffender einschlagen, wenn sie in Humor verpackt daherkommen – und sind dabei auch noch eher *politisch korrekt*, als wenn sie allzu seriös vorgetragen werden. Auch Betroffene können schlechtem Benehmen mit Humor begegnen – wie im Beispiel aus dem Kino mit der passiv-aggressiven Reaktion. Wenn Sie über eine gepfefferte Portion Ironie und Sarkasmus verfügen, können schneidende, witzige Bemerkungen dem Angreifer den Wind aus den Segeln nehmen, gerade wenn andere auf Ihnen herumtrampeln und meinen, Sie nach Belieben reizen und herunterputzen zu dürfen.

Eine Lehrerin an einer Highschool schrieb mir, wie ein Kollege letztendlich seine Sticheleien bleiben ließ, nachdem sie gelernt hatte, wie sie ihm »auf eine Weise Kontra geben konnte, über die alle lachen mussten«. Sie entwickelte ein »Arsenal der Widerworte«, das, wie sie sagte, »witzig erschien, aber gar nicht witzig gemeint war«. Dazu gehörten Sätze wie »Du bist so süß, wenn du höflich bist« oder »Bist du immer so nett, oder tust du das nur für mich, weil ich so etwas Besonderes bin?«. Natürlich bergen Ironie und Sarkasmus auch Gefahren. Wie jede Maßnahme, die das Gegenüber bloßstellt, können beide einen Teufelskreis auslösen. Und wenn Sie am kürzeren Hebel sitzen, motivieren Sie mit bissigen Repliken vielleicht den Idioten erst recht zu Rachefeldzügen. An manchen Orten jedoch kann das, was für Außenstehende nach Grobheit, Hänselei und Herabsetzung aussieht, durchaus akzeptiert und sogar gewünscht sein. Wenn aggressiver Humor oder *Trash Talk* die Norm ist, werden Leute, die Macht haben, nicht nur so kommunizieren; sie erwarten, ja genießen es sogar, wenn andere mit gleicher Münze heimzahlen. Und wenn die hohen Tiere zu weit gehen, wenn ihr Gegenüber sich erniedrigt fühlt, wissen die Leute, dass ein Witz oder eine bissige Bemerkung der beste Weg ist, um dem Obermacker mitzuteilen, dass er gefälligst den Ball flach halten soll.

Ein tougher ehemaliger CEO im Silicon Valley erzählte mir eine Geschichte, wie sein Team ihn einmal gehörig vorführte – und wie dies die Spannung im Team auflöste, sie alle enger zusammenbrachte und die Botschaft, dass er seine Gehässigkeiten lassen sollte, auch bei ihm ankam. Aus irgendeinem Grund enthielten viele der Beleidigungen, die er seinen Topmanagern an den Kopf warf, wenig schmeichelhafte Vergleiche mit Gemüse, etwa: »Du bist dümmer als ein Kopfsalat« oder »Das hätte auch eine mittelmäßig begabte Zucchini hingekriegt«.

Sein Team dachte sich für ihn eine kleine Revanche aus. Als der Boss eines Tages für ein Meeting in den Konferenzraum marschierte, sah er anstatt seines Teams an jedem Platz am Tisch einen fein säuberlich drapierten Salatkopf. Sogar am Platz des Chefs prangte ein solcher. Der CEO hat mir ein Foto dieser beeindruckenden Installation geschickt – jeder der elf Salatköpfe auf dem Tisch hatte Augen und ein aufgemaltes Lächeln; die meisten trugen Hüte, manche auch Sonnenbrillen. »Sie haben auch ein T-Shirt mit aufgedrucktem Salatkopf machen lassen, und das trugen viele von uns danach regelmäßig zur Arbeit.« Der Chef gab zu, dass er manchmal zu streng mit seinem Team war, betonte aber auch, seine Firma hätte ein derart rasantes Wachstum durchgemacht, dass man schon eine gewisse mentale Härte brauchte, um das auszuhalten. In nur wenigen Jahren führte sein Team das Unternehmen vom mühseligen Start-up zu einem der am schnellsten wachsenden Unternehmen im gesamten Silicon Valley mit höchster Wertschätzung und Erfolg in der Öffentlichkeit. Die Leute, die bereit waren, dieses Abenteuer mitzumachen, konnten nicht nur seinen bisweilen rotzigen Humor vertragen, sie waren auch selbstbewusst genug, um Kontra zu geben – und dieses Geben und Nehmen stärkte letztendlich das ganze Team. Er gab aber auch zu, dass er es sich nach der Sache mit den Salaten zweimal überlegte, bevor er seinen »Veggie-Humor« anbrachte oder andere Dinge sagte, die vielleicht die Gefühle anderer verletzen konnten.

Liebesbezeugungen und Arschkriechen. Leuten Honig ums Maul zu schmieren, die einen wie den letzten Dreck behandeln, erscheint vielleicht wie ein ziemlich bizarrer Schlachtplan. Aber Schmeicheleien, Lächeln und andere Zeichen von (wenn auch nicht ganz ehrlich gemeinter) Wertschätzung können flatterhafte und rachsüchtige Menschen dazu bringen, ihre innere Angst und Wut zu unterdrücken – damit sie sich nicht gegen Sie wenden. Eine Softwareingenieurin schrieb mir, sie studiere die Idioten vor Ort akribisch, um herauszufinden, wie sie ihnen »mit kleinen Gesten Freude bereiten« und »ihre Schwächen für sich nutzen« könnte.

Sie beschrieb eine Frau aus der Abteilung für Qualitätssicherung in ihrem Team, die »berüchtigt für ihre Gereiztheit in Stresssituationen« war. Nun rückte der Freigabetermin für ein Produkt näher, das Stressniveau stieg, und sie begann mit ihren Attacken gegen die Kollegen (ohne wirklich ausfällig zu werden), die diesen klarmachen sollten, sie hätten »die Intelligenz und Branchenkenntnis knapp unterhalb des Niveaus einer Amöbe«. Dann bemerkte die Ingenieurin etwas sehr Nützliches:

> *Ich fand – durch Beobachtung – heraus, dass sie Schokolade liebte, vor allem dunkle Schokolade, und dass sie vor allem zur Stressbewältigung gerne Schokolade futterte. Das half! Als dann also die Anspannung mit jeder Korrekturschleife weiter zunahm, brachte ich ein paar Pfund Schokoriegel für die Leute von der Qualitätssicherung mit ins Labor (oder auch andere Süßwaren, je nach Saison) und achtete immer darauf, dass genug dunkle Schokolade darunter war. Zumindest die schlimmsten Wutausbrüche konnte ich so abfedern.*

Solche »Schokoladenbomben« können eine subtile und indirekte Version dieser Strategie darstellen. Manchmal sind intensive Liebesbezeugungen (und Schleimereien) das Mittel der Wahl und erweisen sich als sehr effektiv, gerade in Verbindung mit eher aggressiven Strategien. Damit hält man einen unsensiblen oder narzisstischen Trottel im Zaum und kann nebenbei einen raffinierten Gegenangriff ausarbeiten. Narzissten lechzen ständig nach Lob und Anerkennung; sie wollen ganz verzweifelt glauben, dass alle Welt sie liebhat. Narzissten sind zwar oft verletzend und beleidigend, aber auch dünnhäutig, und sie ertragen keine Menschen, die ihnen gegenüber auch nur im Geringsten unfreundlich sind oder ihr Urteil infrage stellen.[12]

Michael Maccoby hat jahrzehntelang narzisstische Führungskräfte studiert und gecoacht. Er stellt fest, dass sie »oft sagen, es gehe ihnen um Teamwork, und sie meinen damit, sie wollen einen Haufen Jasager um sich haben«.[13] Meine Empfehlung mag anstößig klingen, vielleicht sogar heuchlerisch, aber wenn Sie sich gegen mächtige und reizbare Narzissten schützen wollen, spricht einiges dafür, ihnen besonders devot in den Arsch zu kriechen, um in Deckung zu bleiben und sie ruhig zu halten, während Sie hinter den Kulissen an ihrem Sturz arbeiten.

Der Verwalter eines Community College erzählte mir lang und breit, wie sein ehemaliger Schulleiter hundertprozentige Loyalität von seinen Mitarbeitern verlangte, und wenn sein Stab nicht »konstant sein Ego streichelte«, konnte er extrem wütend werden. Der Administrator und mehrere Kollegen brachten ein ganzes Jahr damit zu, hieb- und stichfeste Beweise gegen ihren Boss zu sammeln – akribisch dokumentierten sie sein erbärmliches Urteilsvermögen, seinen unstillbaren Hunger nach Lob, seine Neigung, andere herunterzuputzen und seine Wutausbrüche. Sie legten ihr Beweismaterial den Kuratoren der Schule vor, und die feuerten ihn letztendlich. Der Administrator erklärte, er und seine »Mitverschwörer« verabreichten dem Dekan seine tägliche Dosis an kriecherischen Schmeicheleien, weil es ihnen damit gelang, seine narzisstischen Ausfälle im Zaum zu halten und derweil ihren Gegenschlag vorzubereiten.

Andere Studien legen nahe, dass manche Menschen vor allem deshalb griesgrämig, beleidigend oder autoritär auftreten, weil sie ihres eigenen Könnens und Ansehens nicht sicher sind. Das ist das Markenzeichen kleiner Tyrannen, das ich bereits in Kapitel 2 behandelt habe – jene Kleingeister, die ihre Macht über andere auf engstirnige, herablassende und bisweilen lächerliche Weise zelebrieren. Im Unterschied zu Narzissten sind die meisten kleinen Tyrannen nicht auf Bewunderung oder Schmeicheleien aus, es genügt ihnen schon, anderen ihren Willen aufzuzwingen und dafür zu sorgen, dass diese sich elend fühlen. Ein Ingenieur schrieb mir, er habe »so viele Arschlöcher getroffen, die einfach nur von ihren Ängsten getrieben werden. Meist spielen sie in ihrem Umfeld eher die zweite Geige, halten sich im Hintergrund und blicken auf all die gefährlichen Kreaturen herab, die die klimatisierte Landschaft um ihr kleines Büroreich durchstreifen. Die Standardaktion des gemeinen Arschlochs besteht darin, jeden, der sich dem Tor zu nähern wagt, mit siedendem Pech zu übergießen.« Der Ingenieur sagte, er löse das Problem, indem er sich »als Mitstreiter innerhalb der Mauern positioniert und damit jede Konfrontation umgeht«. Er vermeidet den Zorn des Arschlochs, indem er Empathie ausdrückt und Gemeinsamkeiten findet – Interessen wie bestimmte Hobbys, Sport oder Politik (»Gemeinsamkeiten, aber natürlich keine Gemeinheiten, wie Welpen quälen oder Kollegen ausspionieren«). Er meinte, diese Strategie funktioniere in etwa »sieben von zehn Fällen«. Dadurch, dass er seine Zunge hütet und lieber Empathie als Wut ausdrückt, entgeht er nicht nur der Rache des Fieslings; er reduziert auch sein eigenes »Arschloch-Potenzial«.

»Liebesbezeugung« ist eine verwandte und noch extremere Strategie für den Umgang mit unsicheren Arschlöchern – Sie gehen damit noch über das Ausdrücken von Empathie und das Zurückhalten Ihrer wahren Meinung hinaus und reagieren auf ihre Gemeinheiten mit Wärme und Herzlichkeit. Das Ziel ist, den Unterdrücker in einen Freund und Bewunderer zu verwandeln. Diese Idee verdanke ich meiner Tochter Claire, die als Bedienung in einer Tequilabar mit angeschlossenem Restaurant in Boston mit einem bärbeißigen Tyrannen zusammenarbeiten musste. Abend für Abend starrte der Koch sie und die anderen Bediensteten an und hatte immer etwas auszusetzen. Claire beschloss, »ihn mit Freundlichkeit zum Schweigen zu bringen«. Ganz gleich, wie unangenehm der Koch wurde, sie lächelte ihn an, machte Komplimente über seine Kochkunst und wie hart er doch arbeiten würde und reagierte auf seine Gehässigkeiten mit Wärme und Verständnis. Dieses »mit Liebe überhäufen« rang ihn letztendlich nieder, und innerhalb von ein paar Monaten war er, wie sie sagt, »echt nett zu mir, ich bekam sogar mein Essen umsonst von ihm«. Wie Claire ergänzte, war er »einfach bloß ein Typ, der einen Freund brauchte«.

Rache ist süß, kann aber auch nutzlos und sogar gefährlich sein. Arschlöcher zu bekämpfen und zu besiegen kann das nur allzu menschliche Verlangen nach Rache befriedigen. Wie es Eric Jaffe in seinem Essay »The Complicated Psychology of Revenge« ausdrückte: »Der Durst nach Rache ist einfach zeitlos. Er ist so klassisch wie Homer und Hamlet, dabei ebenso modern wie Don Corleone und Quentin Tarantino; und so alt wie das biblische ›Auge um Auge, Zahn um Zahn‹.«[14] Das Verlangen, es dem anderen heimzuzahlen, und der damit verbundene gerechte Zorn kann Menschen darin verbünden, einen gemeinsamen Feind zur Strecke zu bringen – genau wie bei den erwähnten College-Administratoren, die ihren Schulleiter aufs Korn nahmen. Klug geplante Konfrontation kann ähnlich befriedigend sein – wie bei dem Chefingenieur, der jener »Labertasche« die Tür vor der Nase zuschlug, damit 25 Minuten Zeit für sein Team herausholte und der »rechten Hand des Chefs« ordentlich einen mitgab. Die geneigten Leser von *Der Arschloch-Faktor* erinnern sich vielleicht auch an die Produzentin bei einem Radiosender, die sich an ihrem herablassenden Chef dafür rächte, dass er ständig ihr Essen stibitzte. Sie hatte ein paar Pralinen mit Ex-Lax, einem nach Schokolade schmeckenden Abführmittel, präpariert und diese auf ihrem Tisch platziert. Wie erhofft, kam ihr Chef vorbei und stopfte sich die Süßigkeiten, ohne um Erlaubnis zu fragen, in den

Mund. »Er war ganz und gar nicht glücklich«, als sie ihm erzählte, was er da gerade verzehrt hatte.[15] Aber er hörte von dem Moment an auf, ihr Essen zu stehlen.

Diese Beispiele bestätigen die Erkenntnisse einer Studie von Harvey Hornstein an der Columbia University.[16] Aus der Befragung von hundert Angestellten über den Umgang mit Mobbing durch Vorgesetzte zog er folgenden Schluss: »Eine erfolgreiche Revanche ist *zielgenau* (auf den Übeltäter gerichtet), *perfekt getimt* (sie erfolgt zu Zeiten, die eine Verbindung zwischen der Handlung des Chefs und der Revanche herstellen) und *wohltemperiert* (motiviert und gestaltet, den Missbrauch zu beenden, anstatt einfach nur Aufwand zu verursachen).«[17] Hornstein bezeichnet Racheakte als Fehlschläge, wenn sie das Verhalten des Gegenübers nicht verändern – allerdings kann derlei Revanche dennoch den Opfern helfen, da sie ihr Gefühl bestärken, eben doch keine hilflosen Fußabtreter zu sein.

Eine meiner Lieblingsgeschichten in Sachen Rache stammt von Jason Zweig vom *Wall Street Journal*. Er stand einmal in der Schlange beim Check-in am Kennedy Airport in New York. Der Passagier vor ihm beschimpfte und beleidigte eine Mitarbeiterin der Fluggesellschaft. Jason war verblüfft, wie es die Mitarbeiterin schaffte, angesichts der Attacken so cool zu bleiben. Jason schrieb mir: »Ihre Worte werde ich nie im Leben vergessen: ›Oh, *er* fliegt nach [L. A.], aber sein Gepäck nach Nairobi.‹ – ihr Lächeln war dabei kaum merklich, aber unmissverständlich standhaft, und das ließ mich – halb entsetzt, halb entzückt – erkennen, dass das keineswegs ein Scherz war.«[18] Raffinierte Rachemanöver wie dieses ändern nicht das Verhalten des Bösewichts, geben aber den Opfern bisweilen ein wenig Kontrolle zurück, sie bekommen etwas von ihrem Peiniger und ernten Respekt und Hochachtung von Zeugen.

Aber Rache kann trügerisch sein. Hornstein fand heraus, dass 68 Prozent der von ihm untersuchten Revancheaktionen keine Verhaltensänderung bei bösartigen Chefs auslösten. Wie wir aus Kapitel 5 wissen, zeigen Untersuchungen über Mobbing in der Schule und am Arbeitsplatz, dass Menschen, die zu viel übers Heimzahlen grübeln, anstatt das Ganze auf sich beruhen zu lassen, unter negativen Folgen wie Ängsten, Depressionen und Schlafstörungen leiden. Rachefantasien mögen ein nettes Gesprächsthema sein, aber ich halte es für besorgniserregend, wenn Leute, die einem Arschloch entwischt sind, noch Monate und Jahre danach von ihren Rachegedanken besessen sind. Eine ehemalige Fabrikarbeiterin schrieb mir, sie müsse immer wieder an einen ekligen Chef denken, der ihr ständig nachspionierte, sie kritisierte und wegen trivialer Verstöße gegen die Vorschriften bestrafte. Sie schickte seitenlange Mails voller Streiche, mit denen sie ihn in ihrer Fantasie ärgerte – etwa sämtliche Schlösser in seinem Haus auswechseln, die Fenster zukleben, den Stecker vom Kühlschrank aus der Steckdose ziehen oder den Stromzähler lahmlegen und nach vier oder fünf Monaten den Betrug beim Energieversorger anzeigen. Dieses Ekelpaket von einem Chef ging ihr nicht mehr aus dem Sinn, er trieb sie zur Weißglut, obwohl sich ihre Wege schon vor Jahren getrennt hatten.

Sosehr mir Jasons Geschichte vom Flughafen gefällt: Hornstein fand auch heraus, dass heimliche Rache, die sich gegen Kunden, Kollegen oder Unternehmen richtet, dem Racheengel zwar für eine gewisse Zeit ein gutes Gefühl verschafft. Am Ende jedoch ändert sie nichts an dem Übel. Hornstein beschreibt einen Rachefeldzug von Julie (einer Versicherungsangestellten), nachdem ihre Chefin bei einem Meeting vor mehreren Kollegen ihre Arbeit kritisiert hatte, nicht ohne nachzusetzen: »Dafür gibt es keine andere Erklärung als Faulheit oder Unfähigkeit.« Julie war beleidigt und wütend. Sie rächte sich, indem sie wiederholt Dateien auf dem Computer ihrer Chefin manipulierte oder löschte. Diese Sabotage hielt die Arbeit von Julies Chefin auf, frustrierte sie und ließ sie in schlechtem Licht dastehen. »Das war kindisch und gemein«, gab Julie zu. Die Chefin kam ihr nie auf die Schliche, aber die Sache schadete Julie auf andere Weise – sie war ganz und gar auf ihre Rachegedanken fixiert, was ihre Arbeit in der Firma behinderte und vor allem keine Abhilfe für das eigentliche Übel schaffte.[19]

Julie und andere Racheengel glauben vielleicht, das Ganze täte ihnen gut, aber die Experimente, die Kevin Carlsmith von der Colgate University durchführte, ergaben etwas anderes. Sein Forschungsteam ließ Teilnehmer ein interaktives Rollenspiel zum Thema »Gefangenendilemma« spielen. Das Spiel war im Wesentlichen so präpariert, dass einer der Mitspieler ein egoistischer, verlogener Dreckskerl war, der alle anderen übers Ohr haute. Nachdem er die Mitspieler zur Zusammenarbeit gedrängt hatte, sodass jeder einen bescheidenen Geldbetrag gewinnen würde, führte der eingeschleuste Bösewicht am Ende alle anderen hinters Licht und holte sich den Löwenanteil des Preisgelds.[20]

Einige Teilnehmer erhielten die Chance, den egoistischen Dreckskerl mit finanziellen Sanktionen zu »bestrafen« – und entschieden sich fast allesamt für den Racheakt. Als interessanteste Gruppe entpuppten sich die Menschen, die auch betrogen wurden, aber keine Mittel hatten, sich zu rächen – die Organisatoren der Studie hatten ihnen nicht die Möglichkeit eingeräumt, den Übeltäter zu bestrafen. Diese Menschen durchlebten schwächere und kürzer anhaltende negative Emotionen als Teilnehmer, die sich rächen konnten und es auch taten. Wie Carlsmith erläutert, war dieses Ergebnis genau das Gegenteil dessen, was die meisten (einschließlich der Studienteilnehmer selbst) vorhergesagt hatten. »In Wirklichkeit grübeln die Rächer über ihr Handeln nach und fühlen sich schlechter als jene, die sich nicht für ein Unrecht revanchieren können. Wer keine Gelegenheit zur Rache bekommt, ist in gewisser Weise gezwungen, die Sache auf sich beruhen zu lassen und sich um andere Dinge zu kümmern.« [21] Carlsmiths Team schloss daraus, dass Sir Francis Bacon vielleicht doch recht hatte, als er vor rund vier Jahrhunderten schrieb: »Wer nach Rache strebt, hält seine eigenen Wunden offen und verhindert die Heilung.«[22]

Carlsmiths Racheexperimente untersuchten kurze Episoden – das Spiel an sich, Übergriffe, Revanche (oder eben nicht), Reaktion und Nachdenken, alles war innerhalb einer Stunde vorbei. Das Heimzahlen aber kann unterschiedliche langfristige Folgen zeitigen, vor allem wenn das Arschloch es wirklich spürt und sein künftiges Verhalten dadurch beeinflusst wird. Wie die Hornstein-Studie zeigte, kann Revanche von Nutzen sein, wenn sie andauernde Übergriffe eindämmt oder stoppt.

Aber die Revanche kann auch endlose Gehässigkeiten auslösen. Die Wissenschaftler Robert Bies und Thomas Tripp fanden heraus, dass der Impuls zum »Heimzahlen« einen Teufelskreis von Attacke und Gegenattacke ins Rollen bringen kann.[23] Dabei sehen beide Seiten den jeweils anderen als Bösewicht und sich selbst als nicht verantwortlich für das Anheizen des Konflikts – »beide Seiten betrachten ihr eigenes Handeln als rein defensiv, als Reaktion auf die unangemessenen Aktionen der Gegenseite«.[24] Wer sich in ein solches »Wie du mir, so ich dir« verbeißt, das sich über Monate oder Jahre hinziehen kann, schadet nicht nur sich selbst und dem Gegenspieler, er reißt auch noch andere mit ins Verderben.

Vor einigen Jahren hatte ich ein langes Gespräch mit einem Berater, der beschrieb, wie die schwelende Eifersucht und Wut, die das Verhältnis zweier einflussreicher Leute in seiner Firma prägten, in einen offenen Krieg mündeten. Das gegenseitige Lästern hinter den Kulissen und die offenen Konfrontationen schreckten bereits Kunden ab und führten dazu, dass einige seiner besten Freunde im Kollegenkreis kündigten. Und sogar die körperliche Gesundheit der beiden Streithähne litt unter der Kontroverse. Der Berater fand weise Worte zu dieser Schlammschlacht, etwa: »Es ist, als ob deine Eltern miteinander streiten würden. Es ist dir gleichgültig, wer im Recht ist. Du willst einfach, dass sie damit aufhören.« Wenn Sie in einem solchen Teufelskreis gefangen sind, denken Sie an die Untersuchungen über das Vergeben aus Kapitel 5. Auch wenn die Peiniger es nicht verdienen: Ihnen von Herzen vergeben zu können, kann das Beste für Sie sein, für Ihre Freunde und auch für die Idioten, die es eigentlich nicht verdient hätten.

Machen Sie sich das System zunutze, um die Idioten zu läutern, zu besiegen, zu vertreiben. In *Der Arschloch-Faktor* habe ich beschrieben, wie man Organisationen aufbauen kann, die keine Mitglieder, Kunden, Studenten oder Freiwilligen tolerieren, die andere respektlos, erniedrigend oder entwürdigend behandeln. Ich habe gezeigt, dass Unternehmen, die solche Regeln durchsetzen, anständige Menschen verpflichten, diesen einen korrekten Umgang mit anderen beibringen, Menschen ermächtigen und belohnen, die sich entsprechend verhalten, und jene sanktionieren und letztendlich loswerden, die immer wieder gegen diese Regeln verstoßen. Ich weiß von Dutzenden Unternehmen mit Anti-Arschloch- und ähnlichen Strategien, darunter Baird (Finanzdienstleistungen), Concertia (Cloud Computing und Hosting), Box (Filesharing), Eventbrite (Online-Tickethandel und Event-Organisation), Invoice2go (Rechnungstellung für Mittelständler), Royal Bank of Canada, J. Walter Thompson Worldwide (eine große Werbeagentur) und Netflix. Bei Netflix erzählte mir Patty McCord (vierzehn Jahre lang Leiterin des »People Department«), wie stolz sie auf das Mantra war, auf das die Firmenkultur gründete: »Keine Blödmänner, keine Arschlöcher«.

In einem Team oder Unternehmen, das diese Regel umsetzt, hilft das System den Leuten, sich gegen Fieslinge zu wehren, egal ob sie unten, in der Mitte oder oben in der Hackordnung stehen. Einige der besten Leader und Teams reden nicht mal darüber, sie machen es einfach. So etwas muss auch gar nicht unbedingt aus der Chefetage kommen – Sie können sich auch mit Kollegen zusammentun, um diese Regel in Ihrer Ecke der Welt durchzusetzen. So handhabten es ein Leser und seine Kollegen:

> *Arschlöcher sind wie die Küchenschaben. Wenn das Licht angeht, verkriechen sie sich. In unserer Firma beginnen wir damit, mehr Transparenz einzufordern, weniger Getratsche in Hinterzimmern zuzulassen und ein Ende der Geheimnistuerei herbeizuführen, die es unserem lokalen Arschloch erlaubt, weiter seine Intrigen zu spinnen. Wir teilen Informationen untereinander, gestatten ihm nicht, uns in private Diskussionen über Kollegen zu verwickeln, und erlauben ihm generell nicht, uns zu manipulieren. Es treibt ihn in den Wahnsinn! Nach und nach gehen ihm die Verbündeten aus (die sich ihm von Anfang an nicht sonderlich verbunden fühlten), und er weiß nicht, wie weiter.*

Es ist schwer für Tyrannen, ihr schmutziges Handwerk auszuüben, wenn sie von Leuten umgeben sind, die sie zur Rechenschaft ziehen und die Informationen über ihre Übergriffe mit den Kollegen teilen. Kenntnisreiche Peiniger und Intriganten mögen bei einem oder zwei Chefs mit ihren Aktionen davonkommen – oft indem sie sich bei Vorgesetzten einschleimen und nach unten treten. Aber solche Leute kommen viel schwerer damit durch, wenn alle, mit denen sie zu tun haben, dagegenhalten. Huggy Rao und ich schrieben in *Scaling Up Excellence:* Auf Posten mit hoher Verantwortung können sich destruktive Charaktere nicht verstecken, denn jeder handelt nach der Devise »Dieser Platz gehört mir, und ich gehöre diesem Platz«.[25]

Wenn Sie in der Hackordnung ziemlich oder ganz weit oben stehen, haben Sie einen enormen Einfluss darauf, ob sich die Leute sicher fühlen können, wenn sie sich hilfesuchend an das System wenden, oder ob sie Führungspersonen wie Sie für Idioten, Heuchler oder beides halten. Erstens müssen Sie schlechtes Verhalten im Keim ersticken. Der Psychologe Roy Baumeister und seine Kollegen zeigen in ihrem Artikel »Bad Is Stronger Than Good« auf, dass negative Verhaltensweisen wie Schummeln, Faulheit, Griesgrämigkeit, Zorn und Respektlosigkeit – oder was auch immer – folgenreicher, ansteckender und viel schwerer aufzuhalten sind als gute Verhaltensweisen.[26] Wenn Angestellte beispielsweise in negative Interaktionen mit Vorgesetzten verstrickt werden, haben diese Interaktionen fünf Mal mehr Einfluss auf ihre Gemütslage als positive Interaktionen. Und Will Felps' Studie über »schwarze Schafe« ergab, dass die Leistung eines Teams um 30 bis 40 Prozent abnimmt, wenn auch nur ein Nichtsnutz oder Quertreiber dabei ist.[27] Je länger Sie warten, desto schlimmer wird es.

Der ehemalige CEO eines Start-ups in Kanada schrieb mir: »In der Firma wimmelte es nur so von Arschlöchern, von der Chefetage bis zum Verkaufspersonal.« Jahrelang kämpfte er gegen ihr respektloses und unethisches Handeln. Aber die Arschlöcher stellten noch mehr Arschlöcher ein, und die Boshaftigkeit griff immer weiter um sich. Am Ende verbündeten sie sich gegen den CEO und brachten den Aufsichtsrat dazu, ihn zu feuern. Er sagte: »Mein größter Fehler war es, die Arschlöcher nicht schnell genug rauszuschmeißen, ich war einfach zu nachsichtig.« Im Gegensatz dazu schaffte es Paul Purcell, Vorsitzender von Baird, nicht nur davon zu sprechen, schlechtes Verhalten im Keim zu ersticken. Paul erzählte mir, er lasse Bewerber ganz offen wissen, er werde sie feuern, wenn er feststellt, dass sie Arschlöcher sind. Und er hat es auch schon mehrmals getan. Paul ist überzeugt, dass die praktische Umsetzung der Anti-Arschloch-Regel den kontinuierlichen finanziellen Erfolg, das Wachstum und die Aufnahme von Baird in die *Fortune*-Liste der »100 besten Arbeitgeber« in jedem Jahr seit 2004 gefördert hat (2017 kamen sie auf Platz 4).

Zweitens bin ich absolut dafür, Leute zu feuern, die ständig herablassend sind, zu Gewalt neigen oder extreme Gemeinheit an den Tag legen. Aber wenn man dafür sorgen will, dass sich Leute sicher fühlen, dass sie sich gegen Übeltäter wehren und dass sie auch ihr eigenes Fehlverhalten zugeben, ist es essenziell, die mutmaßlichen Störenfriede mit Würde und Respekt zu behandeln. Das bedeutet, man fängt damit an, in aller Ruhe und hinter den Kulissen mit ihnen zu reden, und gibt ihnen die Chance, sich zu bessern. Es bedeutet auch, zu erkennen, dass manche Leute normalerweise gar keine solchen Idioten sind, sondern dass es mit den Charakteren zusammenhängt, mit denen sie arbeiten, mit den Kunden oder ihrer spezifischen Tätigkeit, wenn ihre schlechtesten Seiten offenbar werden. Es kann enorm viel bringen, sie einfach an eine andere Stelle oder in ein anderes Team zu versetzen.

Laszlo Bock, ein Jahrzehnt lang Chef der »People Operations«-Teams bei Google, dokumentiert die Vorteile eines Tapetenwechsels. In *Work Rules!* berichtet er, dass Google Mitarbeitern, die leistungsmäßig in die letzten 5 Prozent der Belegschaft abrutschen, dieses negative Feedback kommuniziert – sie werden also nicht sofort entlassen.[28] Das Unternehmen wartet erst einmal ab, um keine Ängste zu schüren, weil viele dieser Kollegen keineswegs unrettbar verloren sind. Wenn solche Leute innerhalb von Google mit anderen

Aufgaben betraut werden, erreicht ihr Leistungsniveau in der Regel den Firmendurchschnitt. Wie Bock ausführt, ist ein Anstieg von 5 auf 50 Prozent auf der Skala nicht nur gut für den wiedergewonnenen Kollegen; es hilft auch Google, weil es viel Zeit und Geld kostet, Ersatz zu finden, zu rekrutieren und zu integrieren. In Bocks Beweisführung geht es nicht speziell um Arschlöcher; andere mit Würde und Respekt zu behandeln wird bei der Einstellung und Beurteilung jedes Angestellten bei Google berücksichtigt. Wie mir Bock erzählt, merken viele Mitarbeiter, die in den letzten 5 Prozent liegen, überhaupt nicht, dass ihre Leistung so hinterherhinkt; sie wissen auch nichts von dem negativen Einfluss, den sie auf ihr Arbeitsumfeld ausüben. Den Leuten zu sagen, wo sie stehen, und ihnen zugleich die Chance zu geben, es in einer anderen Arbeitsumgebung zu versuchen, genügt laut Bock oft schon, um eine Veränderung ihres Verhaltens zu erreichen.

Mein Stanford-Kollege Perry Klebahn bedient sich einer ähnlichen Methode. Er fand heraus, dass eine Versetzung autoritärer Störenfriede in ein anderes Team bisweilen das Gute in diesen Leuten zum Vorschein bringen kann, und die anderen befreit es von ihrem Groll. Ich habe über zehn Jahre lang zusammen mit Perry Innovationskurse am Institute of Design in Stanford gegeben (jeder nennt es die »d.school«). Dazu gehörten auch Praxisseminare, bei denen wir vierzig bis sechzig externe Führungskräfte in Teams von je fünf oder sechs Leuten aufteilten. Bei diesen intensiven drei- bis fünftägigen Projekten ging es unter anderem darum, die »Airport Experience« für die Passagiere von JetBlue zu verbessern, den Besuch bei der Stanford-Blutbank für Spender angenehmer und inspirierender zu gestalten und das Kundenerlebnis an BP-Tankstellen zu optimieren.

Jedes dieser Teams aus Führungskräften führt Beobachtungen und Interviews vor Ort durch, generiert Lösungen, entwickelt Prototypen, testet diese mit den Kunden und präsentiert – als großes Finale – seinen besten Prototypen vor der Führungsetage des »Kunden« und den Dozenten. Jedes Team hat einen Trainer, der die Teilnehmenden durch die einzelnen Schritte leitet. Im Verlauf des Programms werden die Teams von Perry und unserem Kollegen Jeremy Utley intensiv beobachtet: Sie tauschen sich immer wieder mit Coaches aus und helfen Teams, die in Schwierigkeiten sind. Jeden Abend rekapitulieren Perry und Jeremy den Tag mit den Coaches und besprechen, was funktioniert und was nicht und welche Veränderungen sich gegebenenfalls anbieten.

Wie Huggy Rao und ich in *Scaling Up Excellence* berichteten, sind ein- oder zweimal im Jahr einige Teams mit, wie Perry das nennt, »Alphatieren« mit »großem Ego« infiziert.[29] Ich bezeichne sie als Arschlöcher. Perry »packte alle schwarzen Schafe zusammen in eine Gruppe«, damit sie die anderen Teams nicht ruinierten. Dann wies er dem Team aus schwarzen Schafen einen seriösen Coach zu – oder übernahm den Job gleich selbst, denn er ist ziemlich gut darin, wohlwollende Strenge walten zu lassen. Es funktioniert. Teams, die ihre Alphatiere loswerden, zeigen sich oft erleichtert und liefern bessere Arbeit. Außerdem ist es für das Dozententeam einfacher, mit den Problemfällen klarzukommen, wenn sie alle am gleichen Ort zusammen sind.

Wie Perry berichtet, ergeben sich bei einem oder zwei Teams aus schwarzen Schafen gelegentlich Konflikte, und sie schneiden entsprechend schlechter ab; die meisten entwickeln dagegen eine gesunde Dynamik und produzieren geradezu »erschreckend gute Prototypen«. Perrys Methode erfordert es, Macht über Arschlöcher auszuüben. Aber die Chancen stehen gut, sie dazu zu bringen, sich an einem Ort bzw. in einer Gruppe zu versammeln. Wie Robert Cialdini in seinem Klassiker *Die Psychologie des Überzeugens* nachweist, ziehen sich Menschen, die sich ähnlich sind, gegenseitig an, und sie verbringen gerne Zeit gemeinsam.[30] Perry glaubt, dass die Teams aus schwarzen Schafen gerade deshalb gute Arbeit liefern, weil die Teammitglieder andere Alphatiere verstehen und zu schätzen wissen.

Und drittens: Wenn Sie wollen, dass die Leute das System für fair und effektiv halten, ist es wichtig, dem mächtigsten, profitabelsten und bekanntesten Fieslingen gegenüber besonders streng zu sein. Wenn Sie die Regeln nur gegenüber den Leistungsschwachen durchsetzen, die leichter zu ersetzen sind oder die schlechte Nachrichten überbringen und den Mumm haben, Vorgesetzten zu widersprechen – es den machtvollen Arschlöchern jedoch durchgehen lassen, wenn sie auf den anderen herumtrampeln –, werden die Leute Ihre Heuchelei drei Meilen gegen den Wind riechen. In Kapitel 2 sprach ich darüber, wie Firmenchefs wie Rob Fyfe von Air New Zealand es schafften, ihre Mitarbeiter zu schützen und ihr Vertrauen zu gewinnen, indem sie besonders eklige Kunden und Geschäftspartner zurückwiesen. Es verlangt eine Menge Mut, einen Großkunden abblitzen zu lassen, wenn das Unternehmen auf einige wenige wichtige Kunden angewiesen ist, um überleben zu können.

Genau das tat CEO Bill Carmody 2008, kurz nachdem er Trepoint, eine Firma für digitales Marketing, an den Markt gebracht hatte. Ein potenzieller neuer Kunde von einem großen Unternehmen hatte Carmody kontaktiert: Wie Molly Reynolds, Bloggerin bei der *Huffington Post*, berichtete, hätte es Trepoint als Start-up einen großen Schub gegeben, wenn man mit diesem Kunden einig geworden wäre. Carmodys Team investierte viele Stunden Arbeit in ein Angebot mit genau dem richtigen »Wow!-Faktor« für den betreffenden Kunden. Als sie ihren Entwurf einem der Konzernvorstände präsentierten, war dieser leider mehr als nur kritisch; er haute Bills Team komplett in die Pfanne und wurde »grenzwertig beleidigend«. Da stand Carmody auf und sagte dem potenziellen Kunden: »Wir sind nicht der richtige Partner für Sie ... Einen solchen Umgang mit meinen Leuten lasse ich nicht zu. Wir vermitteln Ihnen gerne ein anderes Unternehmen, vielleicht finden Sie dort das Richtige.«

Bill Carmody erzählte seinem geschockten Team später: »Selbst wenn wir auf alle ihre Bedürfnisse eingehen: Arschlöcher ziehen weitere Arschlöcher an, und das kann und will ich euch nicht antun.« Diese Philosophie gegenüber Kunden und Mitarbeitern ist nach Ansicht Carmodys ein Grund, warum seine Firma wächst und tolle Mitarbeiter anzieht – die Büros in Kansas City, New York und San Francisco florieren, und die Firma steht auf der *Inc.*-Liste der wachstumsstärksten Privatunternehmen.

Allein, Chefs wie Bill Carmody sind eine Seltenheit. Allzu viele Führungspersönlichkeiten und Systeme schützen ihre Leute nicht vor derlei machtvollen Mobbern oder – schlimmer noch – fallen denen, die sich dem Mobbing mutig widersetzen, in den Rücken.

Eine Warnung hinsichtlich schwächlicher oder manipulierter Systeme. Seit etwa zehn Jahren führt die Litanei schlechter Nachrichten über Mobbing, Belästigung und Vorurteile am Arbeitsplatz gegenüber Frauen, Lesben und Schwulen, Bisexuellen und Transsexuellen sowie gegenüber Angehörigen diverser religiöser Gruppen dazu, dass Politiker, Juristen, Moderatoren, Firmenchefs, Regulierungsbehörden und andere Beteiligte im Anti-Arschloch-Kreuzzug rechtliche Lösungen vorschlagen (und bisweilen auch umsetzen). Anti-Mobbing-Gesetze zum Schutz von Schulkindern gelten in fünfzig US-Bundesstaaten.[31] Die Standards der Joint Commission aus dem Jahr 2008 schreiben vor, dass alle 5600 Krankenhäuser in den USA »einen Verhaltenskodex und ein Protokoll für den Umgang mit unangemessenem und störendem Verhalten unterhalten« müssen. Diese Vorschriften könnten durchaus wirkungsvoll sein, immerhin ist die Joint Commission die Hauptorganisation, die Unternehmen und Programme im Gesundheitswesen der USA akkreditiert und zertifiziert. Der medizinische Direktor dieser Kommission, Ronald Wyatt, rechtfertigte diese Regeln im Jahr 2013 in einem Post auf dem *Leadership Blog* der Organisation. Er führte dort Beweise an, dass Ärzte, die sich unkooperativ verhalten, die »sich in Sprache und Tonfall herablassend geben« und »Überreaktionen wie verbale Ausfälle und physische Drohungen an den Tag legen«, Mitarbeiter einschüchtern, was wiederum »unmittelbar medizinische Fehler« nach sich zieht.

Allein, bei aller Bewunderung für viele dieser Kämpfer für Gesetze, Regeln und Richtlinien – manchmal halte ich mich sogar selbst für einen solchen – habe ich doch meine Bedenken, was rechtliche Lösungen angeht. Gewiss erfüllen sie manchmal ihren Zweck, vor allem dann, wenn Sie klare Beweise vorlegen und sich einen teuren Anwalt leisten können, wie Gretchen Carlson bei ihrer Klage gegen Fox News. Aber vergessen Sie nicht, dass sie nach eigenen Angaben jahrelange sexuelle Belästigung ertragen hat, bevor sie rechtliche Schritte unternahm.

Die weitverbreiteten Anti-Mobbing-Gesetze zum Schutz von Schulkindern sind bei näherer Betrachtung ziemlich lasch. Die meisten machen es schlicht erforderlich, dass Schulen schriftliche Anti-Mobbing-Regeln unterhalten – das ist nichts als Rhetorik, solange nicht Führungspersonal, Institutskultur und Ressourcen dahinterstehen und gewährleisten, dass diese Regeln im Alltag auch umgesetzt und eingehalten werden. Es gibt tatsächlich kaum Beweise dafür, dass diese Gesetze das Mobbing an Schulen wirkungsvoll vermindert hätten: 2014 werteten die UCLA-Professorinnen Jaana Juvonen und Sandra Graham 140 Studien aus und fanden heraus, dass die an den meisten Schulen geltenden Anti-Mobbing-Programme schwach und wirkungslos sind, wenn es um den Schutz der Opfer oder die Bestrafung der Täter geht.[32]

Darüber hinaus ist mit Stand vom Oktober 2016 das Mobbing am Arbeitsplatz in allen fünfzig US-Bundesstaaten nach wie vor vollkommen LEGAL. Hierauf weist die detaillierte und nützliche Website des Workplace Bullying Institute hin (Leiter des Instituts ist Gary Namie, ein unermüdlicher Kämpfer gegen Mobbing am Arbeitsplatz). Mit anderen Worten: Es verstößt in den USA nicht gegen das Gesetz, ein Arschloch zu sein, solange man die Gleichberechtigung beachtet – also jemand, der jede und jeden wie Dreck behandelt, unabhängig vom Hintergrund seiner Opfer. Die Instituts-Website empfiehlt Angehörigen einer »geschützten« Gruppe auf der Basis von Faktoren wie Geschlecht, Hautfarbe, Religion und Alter gegebenenfalls landesweit greifende bürgerrechtliche Gesetze geltend zu machen. Die Umfragen des Instituts zeigen allerdings, dass derlei diskriminierendes Mobbing nur in etwa 20 Prozent der Fälle vorliegt. Das Institut warnt daher Opfer, die rechtliche Schritte erwägen: »Interviews (intensive Befragungen, die in die Privatsphäre eingreifen) mit den Anwälten des Arbeitgebers führten zu erneuter Traumatisierung der betroffenen Mobbingopfer. Viele ließen ihre Klagen schon in dieser Phase fallen. Man gibt seine Privatsphäre auf. Ihre medizinischen Daten sind für den Mobber und Arbeitgeber zugänglich und können gegen Sie verwendet werden … Selbst wenn Sie eine Klage erwägen, müssen Sie sich auf einen harten Weg und gegen Sie persönlich gerichteten Hass einstellen.«

Auch wenn sich Ihre Organisation oder Firma »offiziellen« Systemen, Verfahren und schriftlich vereinbarten Werten verpflichtet hat, die sich gegen Mobbing und respektloses Verhalten richten, heißt das keineswegs, dass die Leute in der Personalabteilung, der Rechtsabteilung oder im leitenden Management Ihnen helfen werden, gegen die Mobber an Ihrem Arbeitsplatz vorzugehen. Ja, manchmal zeigen diese Systeme tatsächlich Wirkung. Bei Baird, Google und Bill Carmodys Trepoint arbeiten offenbar Führungskräfte, die diesen Standards geschlossen Leben einhauchen. Und erinnern Sie sich an Captain Holly Graf, die »Seehexe« der US-Navy aus Kapitel 2: Grafs bösartige Worte und Handlungen führten zu zahlreichen Beschwerden und einer eingehenden Untersuchung, und letztendlich wurde sie ihres Kommandos enthoben. Auch wenn derlei Systeme etabliert sind, ist es allzu oft sehr riskant, sie zum Kampf gegen machtvolle Arschlöcher zu nutzen. Einfach nur das Thema Missbrauch oder Mobbing anzusprechen führt nicht selten dazu, dass Sie sich den Ruf eines Unruhestifters einhandeln. Und wenn Sie sich gegen einflussreiche und politisch clevere Leute wenden, selbst wenn Sie in der offiziellen Hackordnung über ihnen stehen, kann es sein, dass diese ihre Verbündeten gegen Sie in Stellung bringen.

Eine Vorgesetzte schrieb mir, eine ihr direkt unterstellte Kollegin – die Abteilungssekretärin – verhielt sich »hinterhältig, gemein und widersetzlich«, wenn die beiden unter sich waren, aber in Gegenwart anderer war sie plötzlich »die Freundlichkeit in Person«. Ihre aufsässige Sekretärin hatte eine enge Freundschaft mit dem Personalchef geschlossen. Die Vorgesetzte meinte, die beiden »gehen zusammen essen und unterstützen einander in persönlichen Dingen«. Im Ergebnis liefen die Bemühungen der Vorgesetzten, die mangelnde Kollegialität (und Inkompetenz) der Sekretärin zu dokumentieren und zu melden, allesamt ins Leere. Die Sekretärin stritt alles ab und entging (mit der Hilfe ihres mächtigen Freundes aus der Personalabteilung) ihrer verdienten Strafe.

Lance Armstrong bietet sich als Musterbeispiel dafür an, wie ein machtvolles und gewieftes Arschloch jedem, der versucht, die hässliche Wahrheit ans Licht zu bringen, das Leben zur Hölle machen kann. Dem siebenmaligen Gewinner der Tour de France wurden letztendlich seine Titel aberkannt, wegen Einnahme verbotener Substanzen und Blutdoping. Nachdem er jahrelang jedes Fehlverhalten geleugnet hatte, bekannte er sich in Oprah Winfreys TV-Show am 17. Januar 2013 letztendlich doch zu seinen Sünden – und gestand, die verbotenen Mittel und Methoden bei jedem einzelnen Toursieg eingesetzt zu haben: Testosteron, Kortison, menschliche Wachstumshormone, Bluttransfusion. Armstrong steht heute zu Recht als Lügner und Betrüger da. Aber der Schaden, den dieser reiche, arrogante und rachsüchtige Fiesling für Teamkollegen, Journalisten, einstige Freunde und jeden sonst verursachte, der zur Aufdeckung seiner Machenschaften beitrug – oder auch nur Fragen in diese Richtung stellte –, verschlug einem den Atem. Armstrong und seine Anwälte verklagten Leute, die die Wahrheit gesagt hatten, bezeichneten sie als Lügner und Verbrecher und ruinierten ihren Ruf und ihre Karrieren.

Beispielsweise erhielt Armstrong 2006 eine Abfindung von ca. 500 000 US-Dollar von der *Sunday Times* in London, nachdem diese Reportagen von David Walsh veröffentlicht hatte, die ihn des Dopings beschuldigten. Wie Walsh in der gleichen Zeitung im Januar 2013 berichtete, nannte ihn Armstrong einen Dreckskerl und Lügner. »Walsh ist der übelste Journalist, den ich kenne«, sagte er unter anderem. Prozesse und andere persönliche Angriffe wie diese führten dazu, dass andere Journalisten vermieden, Armstrong unangenehme Fragen zu stellen oder über sein Doping zu schreiben. Nachdem Armstrongs Lügen ans Licht gekommen waren, verklagte ihn die *Sunday Times* auf über eine Million Dollar und teilte im August 2013 mit, man wäre »voll und ganz zufrieden« mit der vertraulichen finanziellen Regelung. Walsh war rehabilitiert und kam zu Ansehen in Großbritannien, er erhielt den Preis als Journalist des Jahres 2012 und den Barclays Award für sein journalistisches Lebenswerk im Jahr 2013.

Wie die *New York Times* im Januar 2013 schrieb, äußerte Armstrong auch jahrelang Drohungen und Beleidigungen gegenüber Betsy Andreu (der Frau eines Teamkollegen, die bezeugte, dass Armstrong in ihrer Gegenwart die Einnahme von Steroiden zugegeben hatte). Armstrong bezeichnete auch die ehemalige Masseurin des Teams, Emma O'Reilly, als Nutte und Alkoholikerin, nachdem sie gestanden hatte, Dopingmittel für Armstrongs Team transportiert und Beweise beseitigt zu haben. Armstrong verklagte auch O'Reilly. Er zog die Klage 2006 zurück. Aber laut einem Bericht der *New York Daily News* im Oktober 2012 klagte O'Reilly: »Die Rufschädigung, die Lance verursacht hat, wirkt bis heute nach.« Am Ende wurde Armstrong überführt, aber viele, die sich gegen ihn gestellt hatten, zahlten einen hohen Preis dafür.

Prominente oder Firmenchefs sind nicht die einzigen gefährlichen Arschlöcher.

Wie wir gesehen haben, müssen diese Typen keine prestigeträchtigen Positionen bekleiden – sie müssen bloß gut darin sein, Verbündete zu finden, die ihnen helfen, andere zu hintergehen, einzuschüchtern und hinterhältige Lügen über jeden zu verbreiten, der sich ihnen in den Weg stellt. Leider haben die Opfer solcher Leute oft genug gute Gründe, zu schweigen und die Beleidigungen zu ertragen. Ich billige das zwar nicht, aber es ist nicht schwer zu verstehen, warum die Betroffenen, die in solchen schlimmen Situationen stecken, Lügen über die gemeinen und hinterhältigen Worte und Taten eines Arschlochs verbreiten – genau wie es viele Leute im Umfeld von Lance Armstrong taten, um ihre eigene Existenz zu schützen und seiner Rache zu entgehen. Ich glaube an den Kampf, wenn es eine vernünftige Chance auf den Sieg gibt, selbst wenn die Chancen gering sind, aber nur dann, wenn die Leute, denen Sie die Stirn bieten, weder die Mittel noch die Neigung haben, Ihnen ernsthaften Schaden zuzufügen. Leider ist es eben manchmal klüger, in Deckung zu gehen, zu schweigen und auf die Gelegenheit zu warten, aus der Geschichte rauszukommen.

Der Kampf um Ihre Würde

Dieses Kapitel bietet einen ganzen Strauß sanfter und grober, alberner und ernsthafter, raffinierter und unverblümter Maßnahmen, um Mobbing und Beleidigungen einzudämmen oder zu stoppen – und die Täter abblitzen zu lassen. Es unterscheidet sich von den früheren Kapiteln, in denen es darum geht, wie Sie *sich selbst* ändern können und nicht Ihre Peiniger. Ich ermutige Sie, den Kampf aufzunehmen, aber sich nicht deswegen verrückt zu machen. Die folgende Liste benennt sieben Techniken, die allzu leicht scheitern und nach hinten losgehen können – und *vor und während deren Einsatz größte Vorsicht und Wachsamkeit vonnöten sind.*

DER FALSCHE WEG, DIE ARSCHLÖCHER ZU BEKÄMPFEN

Sieben Techniken, die allzu leicht scheitern und nach hinten losgehen können

1. Sie tun das Erste, was Ihnen in den Sinn kommt, UND ZWAR SOFORT.
Sie suchen die Konfrontation mit Arschlöchern in komplexen Situationen, wenn Angst und Wut Ihr Urteilsvermögen trüben können. Ihr spontanes Bauchgefühl ist vermutlich falsch. Kühlen Sie erst mal ab und sprechen Sie mit klugen Menschen darüber, ob und wie man sich wehren kann.

2. Sie begegnen einem mächtigen Peiniger in direkter und aggressiver Konfrontation – obwohl Sie weder Beweise noch Verbündete auf Ihrer Seite haben.
Wenn Sie gerne den Märtyrer spielen oder masochistisches Vergnügen aus dem Missbrauch ziehen, kann diese Strategie für Sie funktionieren. Wenn Sie jedoch die Bösewichte verändern, schwächen oder vertreiben wollen, erreichen Sie damit normalerweise nichts.

3. Sie nennen das Kind beim Namen – und das Arschloch ein Arschloch.
Das könnte bei jemandem funktionieren, den Sie gut kennen und dem Sie vertrauen, und im privaten Kreis. Aber seien Sie gewarnt: Normalerweise führt das nur zu noch mehr Feindseligkeit. Besonders gefährlich wird es, wenn Sie damit Ihren Peiniger bloßstellen – und durch die Verwendung des A-Worts werden Sie am Ende vielleicht selbst zum Arschloch.

4. Sie üben hinterhältige, anonyme und sinnlose Rache.
Menschen, die nicht die Macht oder den Mut haben, die Arschlöcher zu konfrontieren, greifen manchmal auf anonyme und gemeine Formen des »Heimzahlens« zurück – Bagatellen wie die Luft aus den Reifen zu lassen. Dann füh-

len Sie sich zwar vielleicht besser (oder schlechter). Aber am Ende verändern Sie damit nicht das Verhalten der Feinde (es sei denn, die ertappen Sie und rächen sich nun ihrerseits).

5. Sie suchen sich einen Sündenbock.

Das passiert, wenn Sie von Arschlöchern regelrecht umzingelt sind und genug Einfluss haben, um sich einen oder zwei machtlose Übeltäter herauszugreifen. Sie machen diese für die Ungerechtigkeiten verantwortlich. Diese werden bestraft oder vom Hof gejagt. Sie können dann behaupten, die schwarzen Schafe seien nun aussortiert, aber in Wahrheit haben Sie das System nicht repariert. Ein paar schwächliche Idioten am Kragen zu packen kann am Ende sogar Ihren wirklich gefährlichen Gegenspielern helfen, noch mächtiger zu werden.

6. Sie sind einfach unheilbar nett.

Dieses Leiden tritt auf, wenn die fraglichen Fieslinge unempfänglich für Ihre übertriebene Freundlichkeit und Ihre Schmeicheleien sind, oder schlimmer, darin ein Zeichen dafür sehen, dass Ihnen ihr Mobbing gefällt und Sie gerne mehr davon hätten. Sie jedoch können einfach nicht anders. Sie machen mit Ihrer Katzbuckelei und Schmeichelei immer weiter.

7. Sie bitten betrügerische Menschen und Systeme um Hilfe.

Vorsicht vor Leuten in der Personalabteilung, der Rechtsabteilung oder im leitenden Management oder auch vor Exekutivorganen, die alle Anreize haben, die Arschlöcher zu schützen, die die Macht haben und keinerlei Anreiz, für Sie zu kämpfen. Die Geschichte von Gretchen Carlson bei Fox News kann uns hier als mahnendes Beispiel dienen. Das *New York* Magazin berichtete im September 2016, dass, als sie sich bei ihrem Vorgesetzten über die miese Behandlung durch Co-Moderator Steve Doocy beschwerte, Vorstand Roger Ailes Wind davon bekam und Carlson mitteilte, sie sei eine »Männerhasserin«, ein »Killer«, und müsse »eben selbst sehen, wie sie mit den Jungs klarkommt«.

Genug gejammert. Einen Vorteil des Kampfs gegen die Arschlöcher habe ich noch gar nicht erwähnt, einen, der sich an Kapitel 5 und den »kognitiven Tricks zum Schutz Ihrer Seele« orientiert. Ganz gleich, wie der Kampf ausgeht: Wenn Sie sich Menschen entgegenstellen, die Sie und andere verletzen, die Ihnen am Herzen liegen, haben Sie sich entschieden, Ihre Würde und Ihren Stolz zu verteidigen und nicht auf sich herumtrampeln zu lassen – allein das macht Sie vielleicht schon stärker und widerstandsfähiger. Untersuchungen über Mobbing, Aggression und Beleidigungen am Arbeitsplatz konnten zwar noch nicht endgültig klären, wann und wie man am besten zum Widerstand übergeht. Bennett Tepper, der Mobbing durch Vorgesetzte seit rund zwanzig Jahren untersucht, gab mir gegenüber freimütig zu: »Die Beweislage ist nach wie vor dünn.« Jüngere Studien von Tepper und seinen Kollegen zum Thema »Feindseligkeit gegenüber Vorgesetzten« zeigen jedoch Interessantes – anscheinend haben Angestellte, die ihren mobbenden Chefs Kontra geben (anstatt sich wie passive Opfer zu verhalten und zu fühlen), eher das Gefühl, ihr Schicksal in der Hand zu haben, und sie nehmen weniger Schaden.

Teppers Team fertigte zwei Studien über Angestellte an, die Feindseligkeit gegenüber Vorgesetzten in unterschiedlicher Intensität an den Tag legten – die erste beobachtete 169 Angestellte, die zweite erfasste sogar 371.[33] Die Forscher stellten neun Fragen zum Thema, wie oft jeder Einzelne »sich den Forderungen des Vorgesetzten widersetzte«. Die Fragen deckten verschiedene Reaktionen ab: direkte Konfrontation (z. B. »Ich sage einfach ›Nein‹« und »Ich weigere mich, die Anordnung auszuführen«), passiv-aggressives Heimzahlen (z. B. »Ich mache einen halbherzigen Versuch und teile dem Boss dann mit, ich konnte es nicht erledigen«) und eine Mischung aus emotionaler Abkopplung und Verweigerung (z. B. »Ich ignoriere meinen Vorgesetzten« und »Ich beachte einfach nicht, was der Vorgesetzte sagt«).

Die schützenden Kräfte solcher Feindseligkeit gegenüber Vorgesetzten schienen verblüffend: Gemobbte Angestellte, die sich nach Kräften wehrten, liefen weniger Gefahr, sich selbst als Opfer zu sehen, sie waren zufriedener mit ihren Jobs und Karrieren, weniger verzweifelt und zeigten mehr Einsatz für ihre jeweiligen Unternehmen. Tepper und seine Kollegen glauben, dass Angestellte, die sich darauf einlassen, gegen das Mobbing durch Vorgesetzte anzugehen, letztendlich besser dastehen, weil sie sich selbst und anderen signalisieren, dass sie stark und entschlossen sind, ihre Würde zu verteidigen. Sie weigern sich, einfach nur stillzuhalten und sich damit angreifbar zu machen, selbst wenn ihre Chefs sie heruntermachen, sie als Dummköpfe bezeichnen und ihnen ungerechtfertigte Vorwürfe machen.

Was schließen wir daraus? Gewiss sollte man sich genau überlegen, gegen wen man in den Kampf zieht, aber die Belohnung dafür, sich auf die Hinterbeine zu stellen, ist vielleicht nicht nur das Verändern, Zurückweisen, Besiegen oder Vertreiben der Arschlöcher, die einen quälen. Man stärkt damit auch seine Würde, seinen Stolz, das Gefühl, sein Schicksal selbst in die Hand zu nehmen, und man fühlt sich nicht wie ein hilfloses Opfer – selbst wenn man den Kampf am Ende nicht gewinnen sollte.

7 Teil der Lösung sein, nicht des Problems

In *Überleben unter Arschlöchern* geht es um Strategien, wie man anderen, die einen wie den letzten Dreck behandeln, aus dem Weg gehen, wie man andere meiden, ertragen, bekämpfen oder besiegen kann. Ein einfacher Gedanke ist das verbindende Element aller hier beschriebenen Geschichten, Studien und Ratschläge: Auch wenn wir Menschen es bisweilen seltsam ausdrücken, wir alle wollen doch ein Leben führen, in dem wir auf möglichst wenige Arschlöcher treffen bzw. von diesen geschädigt werden. Dasselbe wünschen wir denen, die uns nahestehen, und wir wollen vor allem selbst nicht wie Arschlöcher handeln oder von anderen dafür gehalten werden. Ein Leser schrieb mir: »Niemand, der auf dem Totenbett liegt, würde jemals sagen: ›Ich wünschte, ich wäre gemeiner gewesen.‹«

Daraus folgt für uns: Die »Anti-Arschloch-Regel« ist eine individuelle Philosophie, die die eigene Sicht auf das Leben, das eigene Handeln und die Selbsteinschätzung formt – sie gilt nicht nur für Teams und Unternehmen. Es genügt auch nicht, nur darüber zu reden; es geht um konkrete Maßnahmen. Wenn Sie Teil der Lösung und nicht Teil des Problems sein wollen, sollten Sie sich die folgenden sieben Lektionen merken. Sie verraten Ihnen, was es bedeutet, trotz des alltäglichen Tohuwabohus und trotz aller unserer menschlichen Schwächen und Vorurteile diese Philosophie zu leben.

1. Halten Sie sich an die Da-Vinci-Regel. Anthony Bourdain, der durch sein Enthüllungsbuch *Geständnisse eines Küchenchefs* bekannte Starkoch, der heute in originellen TV-Produktionen über Essen und Reisen auftritt, definiert seinen Erfolg anhand der Frage: »Mag ich die Leute, mit denen ich zu tun habe?« Einem Autor des Online-Magazins *Inc.* erzählte er 2016: »Ich organisiere mein Geschäftsleben nach etwas, das ich die Anti-Arschloch-Regel nenne. Das ist mir wichtig. Tatsächlich mag ich all die Leute, mit denen ich beruflich zu tun habe.« Bourdain beschreibt, wie das Leben anhand dieser Regel abläuft:

> *Wir gingen zu einem Meeting in L. A., und da bot uns ein Typ eine TV-Show an, die uns alle steinreich gemacht hätte. Also so richtig reich, wie die James-Bond-Schurken, mit eigenem Hubschrauber und was weiß ich. Das Meeting lief fantastisch, hinterher standen wir auf dem Parkplatz und sahen uns an, und ich sagte: »Wenn das Telefon um elf Uhr abends klingelt, wollt ihr, dass dann dieses Arschloch dran ist?« Wir waren uns sofort einig: »Nie im Leben!«*

Diese Philosophie besagt, wenn man sich in eine Höhle voller Arschlöcher begeben hat, unternimmt man alles Menschenmögliche, um da schnellstmöglich wieder rauszukommen – oder besser, gar nicht erst hineinzugeraten. Ich nenne das die Da-Vinci-Regel. Leonardo da Vinci drückte es ganz schlicht so aus: »Am Anfang zu widerstehen ist einfacher als am Ende.« Genau das tat Bourdain, und das ist vernünftige Sozialpsychologie. Schon in *Der Arschloch-Faktor* schrieb ich: »Je mehr Zeit und Kraft man in eine Sache investiert, gleichgültig, wie sinnlos, dysfunktional oder schlicht dumm sie sein mag, umso schwerer fällt es einem, von ihr zu lassen – sei es eine schlechte Investition, eine destruktive Beziehung, ein Sklavenjob oder ein Arbeitsplatz, an dem es von Mistkerlen, Mobbern und Monstern nur so wimmelt.«[1]

2. ***Schützen Sie andere, nicht nur sich selbst.*** Wie der Wharton-Professor Adam Grant zeigt, sind die anständigsten, konstruktivsten und erfolgreichsten Leute diejenigen, die es verstehen, zu geben, nicht nur zu nehmen. Sie brauchen andere Menschen, die Ihnen die ungeschminkte Wahrheit sagen, wenn Sie sich unmöglich benommen haben, und die Sie davon abhalten, andere zu erniedrigen. Aber es ist auch klug, sich diesen Menschen gegenüber entsprechend zu verhalten. Natürlich ist es einfacher, andere zu schützen, wenn Sie die Autorität zur Durchsetzung der Anti-Arschloch-Regeln haben. Denken Sie daran, dass Firmenchef Paul Purcell Bewerber bei Baird mit der Warnung konfrontierte, Arschlöcher schlicht zu feuern. Und erinnern Sie sich, wie mein Stanford-Kollege Perry Klebahn autoritäre Typen aus seinen Teams verbannt und alle schwarzen Schafe in eine Gruppe steckt.

Sie können auch Ihren eigenen Einfluss geltend machen, um Verfahren zu implementieren, die die Leute veranlassen, sich anständig zu verhalten. Die Georgetown-Professorin Christine Porath beschreibt, wie die in Louisiana ansässige Firma Ochsner Health System mehr als 11 000 Ärzte, Pflegekräfte, Manager und Verwaltungsmitarbeiter im Beschreiten des »Ochsner 10/5 Way« geschult hat.[2] Die Mitarbeiter sind gehalten, zu lächeln und Blickkontakt mit jedem Patienten oder Mitarbeiter zu suchen, der sich in einem Umkreis von drei Metern in ihrer Nähe aufhält, und zu jedem mindestens Hallo zu sagen, der anderthalb Meter oder weniger von ihnen entfernt ist. Laut Porath hat sich das Benehmen insgesamt verbessert, die Zufriedenheit der Patienten wächst ebenso wie die Zuweisungszahlen von Patienten.

Auch wenn Sie kein hohes Tier sind, können Sie sich bei der Arbeit mit anderen zusammentun und Rückzugsräume schaffen, wo Kollegen, die durch Mobbing gefährdet sind, Schutz und Hilfe suchen können. Eine Mitarbeiterin in der Krankenhausverwaltung schrieb mir, wie sie und ihre Kollegen Neuankömmlinge vor den Ausbrüchen der zahlreichen Fieslinge schützten, die in den Sälen und Gängen ihrer Klinik ihr Unwesen trieben. Ich fand ihr umgekehrtes »Arschloch-Frühwarnsystem« bewundernswert:

> *Wir fanden auch Kollegen, die tendenziell KEINE Arschlöcher sind, und brachten auf deren Namensschildern eine kleine Markierung an. Neues Personal und Studenten/Praktikanten werden angewiesen, sich bei Problemen an Kollegen mit dieser Markierung zu wenden. Diese Kollegen haben sich bereit erklärt zu helfen und Fragen zu beantworten, und durch den Aufkleber sind sie leicht zu erkennen. Damit gelang es, das Zögern der Neuen zu vermeiden, wenn diese nicht wussten, wen sie fragen sollten (und Angst hatten, man würde ihnen deswegen den Kopf abreißen).*

Nach dieser Philosophie zu leben heißt auch: Wenn Sie unvermeidlich mit unangenehmen und unbelehrbaren Typen zusammenarbeiten müssen, übernehmen Sie die Verantwortung dafür, sich nicht von ihnen anstecken zu lassen und weitere anzustecken. Auch wenn Sie sich selbst nicht schützen können, werden Sie Wege finden, den Teufelskreis des Mobbings zu durchbrechen, damit wenigstens künftige Generationen verschont bleiben. Ein angesehener Chirurg schrieb mir, wie er vor über zwanzig Jahren – er arbeitete damals als Chirurgieassistent an einer medizinischen Eliteuniversität – praktisch täglich Zeuge von »Episoden unfassbarer seelischer Grausamkeit« wurde, die auf das Konto der leitenden Ärzte gingen, unter denen er lernte.

Er und seine gemobbten Kollegen pflegten ein kleines Ritual, das ihnen, wie er im Rückblick meint, half, nicht ebenso zum Arschloch zu werden wie ihre Mentoren:

> *Wir Assistenzärzte trafen uns nach der harten Arbeitswoche jeden Freitag auf ein paar Drinks in einer örtlichen Bar. Wir führten ein Tagebuch mit Ledereinband. Das Highlight dieser »Happy Hour« war die Kür des Chefarzt-Arschlochs der Woche – CADW.*
>
> *Jeder Einzelne klagte sein Leid mit einer Episode, die seinem ausbildenden Arzt eine Nominierung für das »Arschloch der Woche« eintrug. Die Gruppe stimmte ab, und der Name des »Gewinners« wurde ins Tagebuch eingetragen. Auch eine kurze Zusammenfassung des dazugehörigen Vorfalls kam ins Tagebuch.*

Der Arzt sagt, dieses Ritual sei keineswegs nur eine Meckerrunde gewesen. »Wir haben dadurch gelernt, wie destruktiv das Arschloch-Verhalten auf unserem Spezialgebiet sein konnte«, schrieb er. »Wir schworen uns, das krankhafte Verhalten, mit dem wir Tag für Tag konfrontiert waren, nicht auch noch zu kopieren.« Heute sind diese ehemaligen Assistenzärzte allesamt renommierte Ärzte in wichtigen Positionen; viele leiten medizinische Programme und Abteilungen. Er ergänzt: »Ich bin stolz, sagen zu können, dass jedes Mitglied unserer Freitagsgruppe eigene Schulungsprogramme mit einer ungeschriebenen ›Anti-Arschloch-Regel‹ leitet.«

3. Nutzen Sie den »Benjamin-Franklin-Effekt«, um aus Arschlöchern »Freunde« zu machen. Erinnern Sie sich an das Mantra am Ende von Kapitel 1: »*Hüte dich davor, andere vorschnell als Arschloch zu bezeichnen, sei eher bereit, dich* *selbst als solches zu erkennen.«* Nach einer oder zwei Begegnungen mit jemandem, der Sie beleidigt, herunterputzt oder behandelt, als wären Sie gar nicht da, ist es sehr einfach, dieses Gegenüber als amtliches Arschloch zu etikettieren. Schließlich ist schlechtes Benehmen sehr irritierend und bleibt damit eher im Gedächtnis als anständiges Benehmen, und sobald in Ihnen der Verdacht aufkeimt, jemand könnte ein Fiesling sein, achten Sie vielleicht nur noch auf seine negativen Verhaltensweisen. Und wenn Sie selbst unfreundlich reagieren, kann dies eine Spirale der Feindseligkeiten auslösen, indem auch Sie sich idiotisch verhalten – Ihre ursprüngliche Annahme über den Charakter des Gegenübers wird damit zur sich selbst erfüllenden Prophezeiung.

Vor allem kann man leicht auf solche Einschätzungen bei Leuten verfallen, die äußerlich grob wirken, aber sanft im Herzen sind. In Kapitel 5 empfahl ich Ihnen, »Sympathie für den Teufel« zu entwickeln, als eine nützliche Strategie zur Neuorientierung: Man sagt sich einfach, ein als Arschloch bekannter Typ sei ein »Stachelschwein mit einem goldenen Herzen«, oder er hat, in der Sprache der Nerds, »eine schlechte Benutzeroberfläche, aber ein gutes Betriebssystem«. Derlei Attribute erweisen sich manchmal als erstaunlich präzise Charakterisierung, nicht bloß als gedankliche Tricks, um mit einem hinterhältigen Fiesling zurechtzukommen. Bevor man also jemanden als Arschloch tituliert, ist es hilfreich – für Sie, für den Fiesling unter Verdacht und alle in Ihrer Umgebung –, alternative Erklärungen in Betracht zu ziehen.

Neben einer vorschnellen Verurteilung besteht vielleicht auch die Möglichkeit, bei Leuten, von denen Sie wie Dreck behandelt werden, die Situation ins Gegenteil zu verkehren: Überhäufen Sie sie mit Freundlichkeit, wie in Kapitel 6 beschrieben. Reagieren Sie auf ihre Gemeinheiten mit beharrlicher Herzlichkeit und Wärme und finden Sie heraus, ob sie sich dann von einer freundlicheren Seite zeigen – so wie meine Tochter Claire, als sie den mürrischen Koch in dem Restaurant bekehrte, in dem sie in Boston gearbeitet hatte. Oder noch besser: Verbinden Sie Ihre Nettigkeit und Schmeichelei mit dem Ansinnen, man möge zur Abwechslung IHNEN den einen oder anderen kleinen Gefallen tun. Diese Strategie ist verwandt mit dem, was der Autor David McRaney den »Benjamin-Franklin-Effekt« nennt. Das Ganze basiert auf Experimenten, die zeigen, dass wir Leute mögen, denen wir Gutes tun, und Leute nicht mögen, die wir unfreundlich behandeln.

In *You Are Now Less Dumb*[3] beschreibt McRaney, dass zu der Zeit, als der noch junge Franklin bemüht war, seine bescheidenen Mittel und den Mangel an Schulbildung zu überwinden, ein reicher und gebildeter Zeitgenosse (dessen Namen er in seinen Schriften verschweigt) einen langen Vortrag hielt, in dem er Franklins Handeln und Motive angriff. Franklin schäumte vor Wut, reagierte jedoch äußerst besonnen. McRaney erläutert, wie Franklin es schaffte, »seinen Angreifer in einen Anhänger zu verwandeln«:

> *Franklins hohes Ansehen als Büchersammler und Bibliotheksgründer trug ihm den Ruf ein, einen ausgefeilten literarischen Geschmack zu besitzen. Also fragte Franklin seinen Gegenspieler in einem Brief, ob dieser ihm ein bestimmtes Exemplar aus seiner Bibliothek ausleihen könne, ein »höchst seltenes und ausgefallenes Buch«. Der Rivale fühlte sich geschmeichelt und schickte ihm das Buch unverzüglich. Franklin sandte es eine Woche später mit einer Dankesnotiz zurück. Mission erfüllt. Bei der nächsten Zusammenkunft des Parlaments ging der Mann auf Franklin zu und richtete erstmals überhaupt das Wort persönlich an ihn. Franklin sagte, der Mann »offenbarte von diesem*

Moment an die allergrößte Hilfsbereitschaft. So wurden wir beste Freunde, und die Freundschaft währte bis zu seinem Tod.«[4]

Das erste Mal erfuhr ich von diesem »Benjamin-Franklin-Effekt« auf Maria Popovas wunderbarer Website *Brain Pickings*. Popovas Interpretation der Tatsache, dass diese Strategie funktioniert, erklärt uns, warum wir andere für Arschlöcher halten (und umgekehrt) und wie sich die damit einhergehenden Gefühle und Handlungen ins Gegenteil verkehren lassen: »Was geschah nun mit Franklins Erzfeind? Er konstatierte, dass er Franklin eine Gefälligkeit erwiesen hatte, was er sich selbst gegenüber mit der plausibelsten Erklärung rechtfertigte: Er tat es aus freien Stücken, weil er Franklin letztendlich doch gut leiden konnte.«

Das mag sich albern anhören. Aber ganz gleich, wie sehr Sie jemand verachtet und Sie dies auch spüren lässt: Wenn Sie ihn dazu bringen, Ihnen gegenüber zumindest ein wenig Freundlichkeit aufzubringen, ändert der Gegenspieler vielleicht seine Haltung. Diese Lektion funktioniert auch umgekehrt: Wenn Sie die Böswilligkeit, mit der andere Sie belasten, abbauen möchten, beginnen Sie einfach, Ihren Widersachern Gefälligkeiten zu erweisen, sagen Sie Ihnen etwas Nettes und tun Sie ihnen hinter ihrem Rücken etwas Gutes. Solche Strategien erzeugen eine irritierende kognitive Dissonanz: Wenn die Menschen ihr Verhalten und ihr Urteil verändern, passen sich die Gefühle für gewöhnlich an – schließlich möchte man sein Handeln vor sich selbst und anderen rechtfertigen können. Deshalb rät McRaney: »Denken Sie vor allem daran: Je mehr Schaden Sie anrichten, desto hasserfüllter werden Sie selbst. Je freundlicher Sie sich geben, desto mehr wächst Ihre Zuneigung gegenüber denjenigen, denen Sie helfen.«[5]

4. Werfen Sie einen Blick in den Spiegel – sind vielleicht Sie ein Teil des Problems? »In jeder Gruppe gibt es irgendwo ein Arschloch. Wenn Sie sich umschauen und keines finden, müssen Sie es sein.« Ich meine, diesen Witz von dem Comedian Craig Ferguson gehört zu haben, dem früheren Gastgeber von *The Late Late Show* auf CBS. Er erinnert uns auf hübsche Weise daran, dass der Fiesling sich selbst zuallerletzt als das eigentliche Problem erkennen wird. Und wenn Sie das Gefühl haben, von lauter Arschlöchern umgeben zu sein, werden Sie, auch wenn Sie selbst das Problem oder zumindest Teil des Problems sind, dies nicht so einfach zugeben können, weder sich selbst noch anderen gegenüber. Deshalb sagen, wie am Ende von Kapitel 1 berichtet, über 50 Prozent der Amerikaner, sie hätten andauerndes Mobbing mitbekommen oder selbst erlitten, aber weniger als ein Prozent geben zu, dass sie für das Mobbing verantwortlich sind – diese Zahlen passen nicht zusammen; die meisten Unsympathen bekennen sich eben nicht zu ihren Sünden.

Allein, wir Menschen neigen nun einmal zu Verleugnung und Selbsttäuschung. Wir sind nicht selten ahnungslos, was unsere eigenen Schwächen angeht, und wenn wir sie zugeben, unterschätzen wir ihre Dramatik und ihre negativen Auswirkungen.

Ich habe über den Fluch übersteigerten Selbstvertrauens schon gesprochen, und auch darüber, dass Nobelpreisträger Daniel Kahneman darin die destruktivste menschliche Voreingenommenheit sieht. Wir neigen dazu, uns selbst durch die rosarote Brille zu betrachten. Andere, die uns kennen (und sei es nur flüchtig), können oft unsere Stärken und vor allem unsere Schwächen viel besser beurteilen. Dutzende Studien, von den Psychologen David Dunning und Justin Kruger durchgeführt oder inspiriert, zeigen, dass die Leistungsschwächeren besonders anfällig für derlei Selbsttäuschung sind: Sie überschätzen ihre Begabung, wenn es um logisches Denken, Grammatik, Humor, Diskussionskultur, Bewerbungsgespräche, Management und emotionale Fähigkeiten geht. Je geringer ihre Fähigkeiten, einschließlich der sozialen Kompetenz, desto stärker überschätzen diese Leute ihre Kompetenz in ihrem eigenen Denken.[6]

Wenn Sie sich selbst als kultivierte Person sehen, aber anscheinend auf Schritt und Tritt Arschlöchern begegnen, werfen Sie einen Blick in den Spiegel – vielleicht sehen Sie dort dem Übeltäter ins Gesicht. Denken Sie immer daran: Andere mies zu behandeln verleitet die Leute zu Retourkutschen. Wie wir gesehen haben, zeigt die Forschung über fiese Vorsitzende und Aggression am Arbeitsplatz, dass das Erwidern des Feuers als Provokation verstanden wird.

Ich möchte Ihnen von einer besonders bizarren Begegnung nach der Veröffentlichung von *Der Arschloch-Faktor* erzählen. Auf einer Konferenz zum Thema Unternehmertum traf ich einen renommierten Anwalt, der mir sagte, ihm gefiele das Buch. Er prahlte damit, dass er sich an die Empfehlungen darin halten würde, und er war stolz darauf, jeden respektvoll zu behandeln – obwohl er Tag für Tag mit vielen ungehobelten und selbstsüchtigen Leuten zu tun hatte.

Ich war erstaunt, dies zu hören, denn – und das sagte ich ihm natürlich nicht – er war genau derjenige, von dem in meinem Buch berichtet wird, wie er meiner Frau Marina einen Job angeboten hatte; sie lehnte ab, nachdem einer seiner ehemaligen Kompagnons Marina erzählt hatte – und dies auch mit diversen Geschichten belegen konnte –, er sei ein ausgesuchtes Arschloch. In der Tat: Wie in *Der Arschloch-Faktor* berichtet, rief besagter Anwalt an, nachdem er von Marinas Ablehnung des Jobangebots erfahren hatte, »er beschimpfte und kritisierte sie und setzte sie unter Druck, sie möge ihm den Insider nennen, der ihn verpfiffen hatte«. Ihre Reaktion darauf: »Ihr Verhalten bei diesem Anruf bestätigt die Gründe für diese Entscheidung.«

Der Anwalt brachte Marina nicht mit mir in Verbindung, weil die Geschichte Jahre zurücklag, außerdem haben Marina und ich nicht den gleichen Nachnamen. Aber er scheint der Musterfall eines ahnungslosen Arschlochs zu sein, das gar nicht bemerkt, wie mies es andere Leute behandelt (oder sich für so einsichtsvoll und brillant hält, dass seine – und nur seine – fiesen Manöver erlaubt sein sollten). Solche Leute wandeln durchs Leben, ohne zu erkennen, dass die Leute den Dreck nur zurückwerfen, mit dem sie selbst um sich werfen.

Wir Menschen neigen zu einem verzerrten und übertrieben positiven Selbstbild – und dazu, negative Informationen, die uns selbst betreffen, zu leugnen, zu ignorieren oder gar nicht erst wahrzunehmen. Das heißt für die meisten von uns: Wir müssen erst einmal einige machtvolle Neigungen überwinden, wenn wir damit klarkommen wollen, dass wir uns idiotisch verhalten oder andere dazu ermutigen, sich so zu verhalten.

Die Psychologin Heidi Grant Halvorson von der Columbia University dokumentiert in *No One Understands You and What to Do About It,* dass der Schlüssel zur Selbsterkenntnis nicht in unseren Köpfen liegt; er liegt in der Erkenntnis und der Akzeptanz des Bilds, das *andere* von uns haben – auch wenn's wehtut.[7] Halvorson zeigt, je größer die Diskrepanz zwischen unserem Selbstbild und dem Bild, das andere von uns haben, desto schlechter sind tendenziell unsere Beziehungen zu diesen anderen. Es lohnt sich also enorm, eine Vorstellung davon zu haben, wie andere uns wahrnehmen. Die Menschen, die zu unserem Leben gehören, sind sich in der Regel einig in ihrer Beurteilung unseres bisherigen Handelns und vermutlich auch in Zukunft; ihr Urteil ist meist wesentlich präziser als unsere Selbsteinschätzung.

Die Lehre daraus: Wenn Sie wissen wollen, ob jemand

ein Arschloch ist, wäre derjenige der Letzte, den Sie fragen sollten.

Allein, der Weg zur Selbsterkenntnis ist wohl leicht zu beschreiben, aber schwer zu beschreiten: Sie brauchen Leute, die Sie kennen und die Ihnen reinen Wein einschenken, und Sie müssen ihre ehrlichen Antworten hören wollen und zu akzeptieren bereit sein. Wenn das, was Sie dann zu hören bekommen, keine guten Nachrichten sind, seien Sie dankbar. Fangen Sie keine Diskussionen an, versuchen Sie, nicht wütend oder am Boden zerstört zu wirken und – das ist besonders schwer, wenn Sie narzisstische Tendenzen haben – verdrängen Sie jeden Gedanken, diese Leute hätten Sie verraten und Sie müssten sie deshalb in Zukunft meiden oder, schlimmer noch, sich an ihnen rächen.

Ein Meister des »reinen Weins« brachte diese Fähigkeit wie folgt an mir zur Anwendung: Peter Glynn war fünf Jahre lang mein Fakultätsleiter in Stanford. Peter ist ein bescheidener, selbstloser Kanadier mit einer klaren Vorstellung von Anstand und Gerechtigkeit. Ich hatte einmal einen Studenten, der in den Kursen oft irrelevante Kommentare verlauten ließ und diverse Beschwerden von Kommilitonen über seine schlechten Leistungen und seine destruktive Haltung provozierte.

Nachdem der Student eine schwache Hausarbeit eingereicht hatte, schrieb ich ihm eine scharf formulierte E-Mail, die weit über die konkrete Kritik an seiner Hausarbeit hinausging: Ich stellte seinen Charakter infrage und ließ durchblicken, er sei faul und inkompetent. Der Student leitete (völlig zu Recht) meine Mail an Peter weiter, und der rief mich in sein Büro. Er sagte mir, kein Mitglied der Fakultät dürfe einen Studenten jemals so behandeln, und verlangte von mir, mich unverzüglich bei dem Studenten zu entschuldigen.

Natürlich hatte Peter vollkommen recht. Ich bat den Studenten demütig um Vergebung und dankte Peter, dass er mich nach dieser unfairen E-Mail so deutlich zurechtgewiesen hatte. Das Gespräch mit Peter hatte gesessen. So muss das laufen, wenn man die »Anti-Arschloch-Regel« mit Leben erfüllen will – die Wahrheit tut weh, aber es wird alles noch schlimmer, wenn die Leute nicht bereit oder nicht fähig sind, sie zu hören.

Mein Stanford-Kollege Huggy Rao sagt, wenn man sich viele erfolgreiche Menschen genauer ansieht, stellt man fest: Sie haben einen (Ehe-)Partner, der es ihnen unverblümt sagt, wenn sie sich wie Arschlöcher oder Idioten benehmen – auch wenn andere Freunde, Kollegen und Anhänger sich scheuen, die schlechte Nachricht zu überbringen. Denken Sie an den Brief, den Premierminister Winston Churchill 1940 von seiner Frau Clementine erhielt, in den dunkelsten Stunden Großbritanniens während des Zweiten Weltkriegs. Clementine redete nicht um den heißen Brei herum: »Ich muss gestehen, dass ich eine Verschlechterung deines Betragens bemerkt habe; & du bist nicht mehr so nett, wie du einmal warst.«[8]

Huggy spekuliert weiter, dass mächtige Menschen mit Kindern im Teenageralter weniger anfällig für Arroganz und falsche Vorstellungen über ihre eigene Größe sind, denn ganz gleich, wie sie von Untergebenen und Fans hofiert und mit Schmeicheleien überhäuft werden: Sie haben junge Leute daheim, die nicht zögern, sie jeden Tag auf ihre Macken und Marotten hinzuweisen. Wissenschaftlich getestet ist diese Hypothese noch nicht; aber wenn ich sie vor Führungskräften als mögliches Gegenmittel gegen Selbstüberschätzung anführe, ernte ich ein zustimmendes Lachen, und sie erzählen mir Geschichten von ihren Kindern, wie diese es geschafft haben, sie wieder auf den Boden der Tatsachen zurückzuholen.

Sie können das Risiko, andere mies zu behandeln, deutlich reduzieren, wenn Sie sich verlässliche Leute suchen, die die Dinge beim Namen nennen, und auf diese Leute hören. Und Sie sollten über Ihr zurückliegendes Verhalten nachdenken, um mehr über die Umstände herauszufinden, die das Negative in Ihnen zutage fördern.

Es folgt eine Liste mit einem Dutzend wissenschaftlich belegter Risikofaktoren. Dies sind ganz gängige »Achillesfersen«, die Menschen dazu veranlassen, sich grob, übermäßig aggressiv, beleidigend und bösartig zu verhalten – oder zumindest von anderen so gesehen zu werden. Sehen Sie sich die Liste an und überlegen Sie, welche davon bei Ihnen besonders leicht den inneren Fiesling zu wecken vermögen.

WO LIEGT IHRE ACHILLESFERSE?

Faktoren, die dazu führen, dass sich Menschen wie Arschlöcher verhalten oder für Arschlöcher gehalten werden

1. Sie haben selbst ständig mit vielen Arschlöchern zu tun.
2. Sie haben Macht über andere – vor allem wenn Sie früher wenig oder keine Macht besaßen.[9]
3. Sie stehen an der Spitze der Hackordnung, sind sehr ehrgeizig und fühlen sich bedroht von besonders fähigen Untergebenen.[10]
4. Sie sind reich.
5. Sie gelten als »kalte« Person.[11]
6. Sie arbeiten härter und aufopferungsvoller als andere – und lassen alle anderen oft und gerne wissen, was für ein Märtyrer Sie sind.[12]
7. Sie sind ein Regelfetischist, ein pedantischer Oberlehrer, der jede Vorschrift minutiös einhält und dasselbe von anderen erwartet.[13]
8. Sie leiden an Schlafmangel.[14]
9. Sie haben zu viel zu tun, zu viel zu bedenken und sind anscheinend immer in Eile.
10. Sie müssen ständig auf Ihr Smartphone schauen und können dieses Verlangen auch dann nicht zügeln, wenn Sie eigentlich wissen, dass Sie sich besser unter Kontrolle haben sollten.
11. Sie sind ein Mann, und Ihr Chef ist eine Frau.[15] Vielleicht sind Sie die Ausnahme, aber die Forschung hat ergeben, dass sich Männer tendenziell von weiblichen Vorgesetzten stärker bedroht fühlen als von männlichen.
12. Sie neigen zu Zynismus und Negativität bei den meisten Themen (manche Menschen sind einfach so).[16]

Drei der Gefahren auf dieser Liste sind besonders dominant. Die erste habe ich bereits beschrieben. Wenn Sie mit lauter Arschlöchern zu tun haben, laufen Sie Gefahr, sich anzustecken, denn mieses Verhalten ist extrem ansteckend. Denken Sie an die in Kapitel 4 genannten Untersuchungen von Trevor Foulk und seinen Kollegen, die zeigten, dass sich schlechtes Benehmen verbreitet wie ein Grippevirus. Sie beobachteten Testpersonen, die über einen Zeitraum von elf Wochen elf simulierte Verhandlungssituationen durchspielten. Dabei ergab sich, dass Teilnehmer, auch wenn sie es nur mit einem einzigen groben Gesprächspartner zu tun gehabt hatten, bereits »ansteckungsgefährdet« waren und sich bei ihrer nächsten Verhandlung (mit einem anderen Partner) tendenziell unhöflicher verhielten.[17] Stellen Sie sich vor, wie folgenschwer solche Effekte sind, wenn Sie Tag für Tag von Arschlöchern umgeben sind. Deshalb ist es so gefährlich, in der Freizeit oder bei der Arbeit mit Arschlöchern konfrontiert zu sein. Sie mögen geloben, immun zu sein oder das Verhalten derjenigen in Ihrer Umgebung verändern zu können. Aber wenn Sie wirklich gegen *viele* Arschlöcher alleine dastehen, spricht einiges dafür, dass eher *Sie* so werden wie die – und nicht umgekehrt. Wir Menschen beginnen automatisch und völlig unbewusst, Gesichtsausdruck, Tonfall und Sprache der uns umgebenden Leute zu imitieren. Und wenn man von lauter Fieslingen umgeben ist, fällt es oft schwer, standhaft zu bleiben, ohne mit gleicher Münze heimzuzahlen.

Wie wir gesehen haben, gibt es Leute (vor allem die machiavellistischen Typen), die einfach nichts anderes verstehen. Sie sehen in Ihrer Freundlichkeit und Kooperation ein Zeichen von Schwäche, nicht etwa eine Gefälligkeit, die sie eigentlich erwidern sollten. Neuere Untersuchungen von Bennett Tepper sprechen auch dafür, dass Angestellte, die fiesen Vorgesetzten Kontra geben – bis hin zu offener »Befehlsverweigerung« –, sich größerer geistiger Gesundheit erfreuen.

Vor allem: Wenn Sie sich in einer Situation wie bei *Herr der Fliegen* befinden, in der Grausamkeit, Hinterhältigkeit und Egoismus allgegenwärtig sind, ist vielleicht der Schutz einer gewissen eigenen Gemeinheit das Einzige, was Sie die Schlacht überhaupt überleben lässt. Ein Projektmanager schrieb mir, wie an seinem früheren Arbeitsplatz »Fieslinge neue Fieslinge erzeugten« und die Lieblinge des leitenden Managements »so kalt und arrogant waren wie die Chefs, extrem gegen die neueren Kollegen auskeilten und diese opferten, um ihre eigenen Ziele durchzusetzen«. Der Manager gab zu, dass diese Zustände »auch das Arschloch in mir zum Vorschein brachten« und er »oftmals gereizt, übertrieben herrisch und bestimmend auftrat«, weil »es der einzige Weg zu sein schien, überhaupt etwas erledigt zu bekommen«. Gewiss verlangt der alltägliche Kampf mit den Arschlöchern seinen Tribut (selbst wenn auch Sie wie ein A… handeln). »Albträume, Stress und Frustration« trieben diesen Manager in die Kündigung. Er ging zu einem kleinen Unternehmen »mit strikten Anti-Arschloch-Regeln«, und seine Familie und Freunde registrierten, dass er »viel netter, ruhiger und vertrauensvoller« wurde.

Macht über andere auszuüben ist die zweitgrößte Gefahr, die Sie dazu veranlassen könnte, andere mies zu behandeln. Professor Dacher Keltner von der University of California in Berkeley hat sich über zwanzig Jahre dem Studium der Folgen von Machtausübung oder auch nur des Gefühls, Macht zu haben, gewidmet; die Ergebnisse sind nicht erfreulich. Ganz gleich, wie nett, kooperativ und empathisch Sie sich in der Vergangenheit verhalten haben: Keltner und andere Psychologen zeigen, dass Macht zur Folge haben kann, dass Sie weniger Empathie für andere empfinden, andere stärker ausnutzen oder sich mehr auf die eigenen Bedürfnisse anstatt die der anderen fokussieren, dass Sie zu Grobheit und Respektlosigkeit neigen und sich so verhalten, als würden die allgemeinen Regeln für Sie nicht gelten.

Kostprobe gefällig? Keltner berichtet, dass wohlhabende Menschen anfälliger für solche wenig schmeichelhaften Tendenzen sind, denn immerhin bedeutet Reichtum ja einen hohen gesellschaftlichen Status, die Möglichkeit, Einfluss auf andere zu nehmen, und den eigenen Willen häufiger durchsetzen zu können – alles Attribute der Macht. In einer Studie beobachteten Keltners Studenten das Verhalten von Verkehrsteilnehmern in Berkeley an einer Kreuzung mit starkem Auto- und Fußgängerverkehr. Die Forscher fanden heraus, dass die Fahrer der billigeren Autos (etwa ein alter Dodge Colt) in weniger als 10 Prozent der Fälle anderen die Vorfahrt nahmen und immer für Fußgänger anhielten. Demgegenüber schnitten die Fahrer der teuersten Autos (z. B. ein neuer Mercedes-Benz) andere in etwa 30 Prozent der Fälle und hielten in fast 50 Prozent der Fälle nicht für Fußgänger an.[18]

Wenn Sie vermeiden wollen, durch Macht verdorben zu werden, achten Sie darauf, Menschen in Ihrem Leben zu haben, die Ihnen die Wahrheit ins Gesicht sagen. Es ist ganz entscheidend, dass diese Ihnen gelegentlich die Grenzen aufzeigen, wie wir bei Winston Churchills Gattin Clementine und meinem Fakultätschef Peter Glynn gesehen haben. Andere »Gegengifte« sind praktizierte Bescheidenheit, weniger mächtige Leute zu ihrem Recht kommen lassen, Leuten nachgeben, die nicht so angesehen oder reich sind wie Sie, diesen Gefälligkeiten erweisen, Dankbarkeit zeigen. Die Idee dahinter ist, anderen das Gefühl zu geben, mehr Macht und Ansehen zu haben. Denken Sie auch an den »Benjamin-Franklin-Effekt« – versuchen Sie, sich so zu verhalten, dass Sie sich nicht »über« Ihren Mitmenschen wähnen, sondern als jemand, der nicht immer nur die eigenen Wünsche und Gefühle im Sinn hat, sondern auch bewusst darüber nachdenkt, was andere fühlen und wollen.

Tim Brown, CEO der renommierten Innovationsfirma IDEO, zeigt, wie es geht (alle Karten auf den Tisch: Ich bin selbst IDEO-Fellow und arbeite manchmal auch mit deren Kunden). Wie ich in meinem Blog *Work Matters* 2010 erstmals erzählte, besuchte ich das IDEO-Büro in Palo Alto und ging in Richtung des Flurs, in dem viele der leitenden Manager des Unternehmens arbeiteten. Als ich um die Ecke bog, saß da Tim Brown gleich ganz vorne, wo man an den meisten Arbeitsplätzen eher einen Empfangsbereich erwarten würde. Es gab keinen Pförtner oder dergleichen, der Kollegen oder zufällige Gäste wie mich daran gehindert hätte, einfach hereinzuspazieren und den Chef bei der Arbeit zu stören. Ich nahm an, das müsse ein Missverständnis sein, da Tim bei meinem letzten Besuch noch ein privates Büro auf dieser Etage gehabt hatte. Ich fragte ihn, warum er nicht in seinem Büro sei. Tim sagte, er habe das Büro abgeschafft und sei an diesen Platz umgezogen, damit sei er »die öffentlichste Person auf der ganzen Etage«.

Tim erzählte mir, auch die meisten anderen leitenden IDEO-Manager seien aus ihren Büros ausgezogen. Für vertrauliche Gespräche standen deshalb nun mit den ehemaligen Chefbüros viele kleine Konferenzräume zur Verfügung. Außerdem, so berichtete er weiter, habe er 2005, als er CEO wurde, das erste Mal in seiner langen Karriere in der Firma ein eigenes Büro bekommen, was ihm »irgendwie peinlich und frustrierend« vorkam. Nach einer gewissen Zeit packten er und andere die Sache anders an: Ihre Schreibtische standen nun quasi im Freien, es kam häufiger zu bezwanglosen Gesprächen, alles lief viel offener ab. Tim betonte, es sei sein Job, »zu wissen, wer seine Leute sind und wie sie arbeiten«, und das könne er, wie er sagt, »nicht gewährleisten, wenn er in einem privaten Büro sitzt«.

Was sagt uns diese Geschichte? Sie bedeutet nicht, dass jeder Firmenchef nun aus seinem Büro ausziehen sollte – offene Bürogestaltung kann auch allerlei Nachteile haben, vor allem, wenn es in der Firma eine Menge fiese Typen gibt – wo soll man sich vor den Arschlöchern in Sicherheit bringen, wenn keine Wände da sind? Auch müssen laute Unterhaltungen und Unterbrechungen vermieden und Orte bereitgehalten werden, an die sich die Mitarbeiter für Meetings und vertrauliche Gespräche zurückziehen können. Die Lektion lautet vielmehr, dass Wege zur Reduzierung der »Machtdistanz« zwischen Ihnen und anderen nicht nur das Stressniveau der Kollegen vermindern, sondern auch dazu führen, dass die Kollegen mehr beitragen; und Sie verändern so auch den Blick auf sich selbst in einer Weise, die die Gefahr, sich wie ein egoistischer Tyrann zu verhalten, deutlich verringert.

Die Bemühungen, unnötige Machtunterschiede abzubauen, zeigen sich auch in den kleinen Dingen, die mächtige Leute anderen gegenüber äußern. Eine Leserin schrieb mir und legte ein nettes Foto bei. Vor vielen Jahren, anno 1971, war sie Komparsin in einem Film, dessen Regisseur der inzwischen verstorbene Peter Ustinov war, und die Geschichte wärmt ihr bis heute das Herz:

Ich hatte einmal die Gelegenheit, am Drehtag mit ihm zu sprechen, aber zuerst fragte er mich: »Wer sind Sie?« (was allein schon einigermaßen einschüchternd war), und ich antwortete: »Ach, niemand, bloß eine Komparsin.« Er antwortete überaus liebenswürdig: »Junge Frau! Ohne Komparsen und ohne Publikum gibt es keinen Film!« Das war wohl das Netteste, was ich jemals von einer solchen Persönlichkeit zu hören bekam, und ich habe das auf einer Tafel in Schönschrift in meiner Wohnung verewigt.

Die dritte große Gefahr ist Überlastung. Ständig in Eile zu sein, zu viel zu tun und zu viel Ablenkung zu haben sind Dinge, die auch den anständigsten Menschen in einen Unsympathen verwandeln können. Laut Christine Poraths Umfrage bei Hunderten von Angestellten in verschiedenen Branchen gaben über 50 Prozent zu, sich bei der Arbeit manchmal unfair und unanständig verhalten zu haben – das können Nachlässigkeiten sein wie »Bitte« und »Danke« zu vergessen, bei Besprechungen E-Mails oder andere Nachrichten zu verschicken oder Kollegen herabzusetzen. Wie sie 2015 in der *New York Times* schrieb: »Mehr als die Hälfte begründen so etwas mit beruflicher Überlastung, und über 40 Prozent sagen, sie hätten einfach keine Zeit, nett zu sein.« Wenn ich mit Managern und Firmenvorständen über diese Überlastung spreche, machen sie unter anderem Meetings als wesentliche Ursache aus. Wenn Sie kürzere, aber nicht minder effektive Besprechungen haben wollen, halten Sie sie einfach im Stehen ab und lassen Sie die Stühle weg. Ein Experiment ergab, dass Gruppen, die Besprechungen im Stehen abhalten, 34 Prozent weniger Zeit für eine Entscheidung brauchten als sitzende, ohne dass die Qualität der Entscheidungen darunter litt.[19]

Noch besser ist es, diese Meetings ganz abzuschaffen. Die Aufräumaktion bei der Firma Dropbox im Jahr 2013 unter dem martialischen Titel »Armeetingeddon« zeigt, wie das gehen kann – ich erfuhr davon, als eine meiner Lieblingsstudentinnen, Rebecca Hinds, zu Dropbox ging und wir die Geschichte dann weiter untersuchten. Wie Rebecca und ich in *Inc.* berichteten, litt diese wachstumsstarke Firma für Filesharing und Speicherlösungen unter Überlastung – die Leute leisteten irrsinnige Überstunden, die Stimmung war mies, den Leuten fehlte der Schlaf, und immer mehr Deadlines konnten nicht mehr eingehalten werden – ein Teufelskreis. Ein Teil des Problems war, dass die Mitarbeiter immer mehr Zeit in Meetings zubrachten – und auch die Anzahl der Meeting-Teilnehmer war explodiert. Deshalb wiesen die leitenden Manager ihre IT-Mitarbeiter an, die Online-Terminkalender jedes einzelnen Angestellten zu durchforsten und sämtliche anstehenden Meetings zu löschen (ausgenommen davon waren einzig die Treffen mit Kunden). Die IT-Abteilung blockierte auch die Eingabe neuer Meetings in diese Kalender über einen Zeitraum von zwei Wochen.

Die Bereinigung wurde der gesamten Dropbox-Belegschaft in einer E-Mail mit dem Schlachtruf »Armeetingeddon ist gelandet« in der Betreffzeile angekündigt. Die Streichung der Meetings zwang die Mitarbeiter, über die Überlastung nachzudenken, die sie sich selbst und anderen zumuteten. Bei der manuellen Eingabe jedes einzelnen anstehenden Meetings wurden die Mitarbeiter gebeten zu überlegen, ob das wirklich notwendig sei und ob man vielleicht auch mit wenigeren und kürzeren Meetings in kleinerem Kreis auskommen könnte. Dropbox führte dazu auch Richtlinien zum Eindämmen der Überlastung ein, darunter die Einführung einer Obergrenze von drei oder fünf Teilnehmern pro Meeting und die Aufforderung, jedes Meeting zu verlassen, wenn man den Eindruck hatte, nichts Wichtiges mehr beisteuern oder erfahren zu können.

Multitasking, Checken von E-Mails und die Nutzung von Smartphones tragen vermutlich für die meisten von uns noch mehr zur Überlastung bei als überflüssige Meetings. Wegen dieser Notwendigkeiten – und Abhängigkeiten – der heutigen Zeit verhalten wir uns allzu oft kurz angebunden, behandeln andere wie Luft und widmen unseren Kollegen, Freunden und der Familie zu wenig Aufmerksamkeit. Sie verleiten uns auch dazu, zu sehr den unwiderstehlichen Verlockungen von Facebook, Twitter, Snapchat, Instagram, unseren E-Mail-Programmen und dergleichen nachzugeben. Im April 2016 berichtete die Website ScienceDaily, die Umfrage »Civility in America« unter 1005 Erwachsenen hätte ergeben, dass fast alle Amerikaner (93 Prozent) angaben, die USA hätten ein Problem mit Anstand und Benehmen, und über 50 Prozent nannten das Internet und die sozialen Medien als Hauptursache (gleich nach ungehobelten Politikern).

Um solchen elektronischen Verlockungen zu widerstehen, braucht jeder Einzelne eine gewisse Selbstkontrolle; es hilft auch, einander dazu zu bewegen, das Handy einmal auszuschalten und in der Tasche zu lassen. Sich selbst – und nach Möglichkeit auch anderen – Regeln zu verordnen kann gegen die berüchtigte »ADHS 2.0« helfen, also die Smartphone-bedingte Aufmerksamkeitsdefizit-/Hyperaktivitätsstörung. Chris Fry war 2014 technischer Direktor bei Twitter und fühlte sich gestört, weil Mitarbeiter seines Leitungsteams ständig auf ihre Smartphones starrten und damit Kommunikation und Anstand bei Meetings sabotierten. Chris, der auch einen Abschluss in kognitiver Psychologie besitzt, weiß eine Menge über Forschung, die zeigt, wie unsere Smartphones uns in hirnlose Kreaturen verwandeln können, die ihre Arbeit schlechter erledigen und zu wenig auf Ideen und Gefühle anderer Menschen eingehen. Deshalb verordnete Chris seinen Teammitgliedern eine Regel, nach der alle für die Dauer von Meetings ihre Smartphones bei ihren Assistenten deponieren mussten. Einer seiner Leute verschickte sogar einen entsprechenden Tweet: »@chfry sagt, Handys müssen vor Beginn des Meetings bei @rjsanjose abgegeben werden« und fügte ein Foto bei, das einen kleinen Stapel aus sechs Smartphones auf einem Schreibtisch zeigte.

5. Bitten Sie um Entschuldigung, wenn Sie sich wie ein Arschloch benommen haben – aber nur, wenn Sie es ehrlich meinen, und machen Sie es dann richtig. Die »Anti-Arschloch-Regel« zu beherzigen bedeutet bisweilen, dass man sich zu einer Entschuldigung verpflichtet fühlt, wenn man andere mies behandelt hat. Eine gut vorgetragene Entschuldigung kann helfen, den Schmerz der Opfer zu lindern, die Beziehung zu den Beleidigten und deren Umgebung zu reparieren, Ihren Ruf zu verbessern und vielleicht eine Prüfung des eigenen Gewissens auszulösen, die Sie befähigt, aus Ihren Verfehlungen zu lernen. So sollte es aussehen.

Im Juni 2016 sorgte Regisseur John Carney für Schlagzeilen und wurde in den sozialen Medien dafür zerrissen, weil er die Schauspielerin Keira Knightley, einen der Stars in seinem Film *Can a Song Save your Life?* aus dem Jahr 2014, beleidigt hatte. Carney hatte Knightley beschuldigt, ständig mit einer ganzen Entourage unterwegs zu sein, was es »sehr schwer macht, seine Arbeit erledigt zu bekommen«. Er sagte auch, sie könne nicht singen, und er klagte: »Ich mache nie wieder einen Film mit Supermodels.« Ein paar Tage später verschickte Carney, wie die Website Salon berichtete, einen Tweet »Von einem Regisseur, der sich fühlt wie ein kompletter Idiot« und ließ eine vollendete Entschuldigung folgen:

> *Ich habe einige Dinge über Keira gesagt, die kleinlich, gemein und verletzend waren. Ich schäme mich, dass ich solche Dinge sagen konnte, und ich versuche zu erklären, was das über mich aussagt. In meinem Versuch, an meiner eigenen Arbeit herumzukritteln, habe ich am Ende jemand anderem die Schuld in die Schuhe geschoben. Das zeugt nicht nur von schlechter Regiearbeit, sondern auch von schäbigem Verhalten, auf das ich alles andere als stolz bin. Es ist arrogant und respektlos. Keira war während der gesamten Dreharbeiten absolut professionell und hingebungsvoll und trug enorm zum Erfolg des Films bei. Ich habe Keira auch persönlich um Entschuldigung gebeten, wollte mich aber auch öffentlich und uneingeschränkt bei ihren*

Fans, Freunden und allen anderen entschuldigen, die ich verletzt habe. So etwas ist niemals zu rechtfertigen, und ich werde es nie wieder tun.

Die Ernsthaftigkeit und Schonungslosigkeit dieser Entschuldigung sind offenkundig. Es ist jedoch lehrreich, die Unterschiede zwischen guten und schlechten Entschuldigungen wissenschaftlich herauszuarbeiten, um die Nuancen zu begreifen. Nach Studien von Roy Lewicki und seinen Kollegen an der Ohio State University enthält Carneys Eingeständnis das wichtigste Element einer guten und wirkungsvollen Entschuldigung[20]: Er gibt zu, eindeutig im Unrecht zu sein und einen Fehler gemacht zu haben, und er übernimmt die volle Verantwortung, ohne ins Schwafeln zu verfallen. Carney vermeidet den klassischen Fehler, sich für *Keiras* Gefühle zu entschuldigen, im Stil von »Es tut mir leid, wenn ich etwas gesagt habe, das dir ein schlechtes Gefühl vermittelt.« Er steht zu seiner Verantwortung für sein Handeln und nennt seine eigenen Worte »kleinlich, gemein und verletzend«. Sein Text enthält auch das zweitwichtigste Element einer glaubwürdigen Entschuldigung nach der Definition in Lewickis Studien: Carney tat sein Möglichstes, um den angerichteten Schaden zu beheben – er entschuldigte sich zuerst bei ihr persönlich, dann in diesem öffentlichen Forum, und schließlich lobte er ihre Leistung.

Carney nutzt noch drei weitere nützliche Mittel, die laut der genannten Studien hilfreiche, wenngleich weniger bedeutende Elemente einer guten Entschuldigung ausmachen: Er drückt sein Bedauern aus, er versucht zu erklären, wie es dazu kam (weil er sich selbst der Qualität seiner Arbeit nicht sicher war), und er bereut und gelobt Besserung mit der Aussage: »Ich werde es nie wieder tun.« Er verzichtet auch auf etwas, das nach Lewickis Ergebnissen den unwichtigsten Teil einer guten Entschuldigung ausmacht (auch wenn dieser die Entschuldigung nicht zwangsläufig abschwächt): Er bittet nicht um Vergebung – Carney wird darauf gehofft haben, hielt es aber für besser, nicht darum zu bitten. Schließlich ist das Keiras Entscheidung und damit nichts, was er erbitten oder gar einfordern sollte.

Bei aller Wertschätzung für Entschuldigungen sind zwei Mahnungen angebracht. Erstens: Wenn Sie das Gefühl haben, jemand anders habe Sie wie Dreck behandelt, bringt es in den seltensten Fällen etwas, eine Entschuldigung zu verlangen. Viele Arschlöcher wissen nun einmal nicht, was sie tun, und sie werden deshalb vielleicht von IHNEN eine Entschuldigung verlangen (und vielleicht haben sie sogar recht). Und selbst wenn sie unter Ihrem Druck nachgeben und sich entschuldigen, ist es höchstwahrscheinlich nicht ehrlich gemeint.

Zweitens: Wenn Sie sich wieder und wieder dafür entschuldigen, ein Arschloch zu sein, wird es irgendwann Zeit, damit aufzuhören. Vermutlich sehen Sie dann in der Entschuldigung einen Ersatz dafür, etwas dazuzulernen und Ihr Handeln besser in den Griff zu bekommen. Und der Einfluss auf Ihre Opfer wird abnehmen, je öfter sich die Spirale von Beleidigungen und Entschuldigungen wiederholt. Genau dies widerfuhr der Doktorandin, von der in Kapitel 4 die Rede war. Diese hatte sich der »Rhythmus-Methode« bedient, um die Häufigkeit der Begegnungen mit dem niederträchtigen Betreuer ihrer Dissertation zu minimieren. Sie brauchte eine Weile, um zu erkennen, wie destruktiv ihr Betreuer war, denn nach einer Reihe beleidigender E-Mails, Anrufe und Gespräche schaltete der Betreuer plötzlich auf »Kuschelkurs« um – er erschien reumütig, gelobte Besserung und sprach ihre versöhnliche Natur an. Sie erzählte mir: »Manchmal schickte er mir private Mails über unser ›tolles‹ Verhältnis, hinterließ schmalzige Songs auf meiner Voicemail, machte Komplimente, weinte sogar bei unseren

Treffen und meinte, er habe Angst, ich würde ihn verlassen und mit jemand anderem arbeiten.« Schon bald jedoch schaltete der Betreuer wieder auf Mobbing-Modus um. Letztendlich durchschaute die Studentin den Unsinn mit dem verlogenen Kuschelkurs und »lernte, auf alles Unprofessionelle einfach gar nicht mehr zu reagieren«. Sie kam zu dem Schluss, dass der Betreuer – bewusst oder unbewusst – auf diese Tour ihre Verteidigung schwächte, die sie dringend benötigte, nachdem er wieder zu seinem üblichen fiesen, herablassenden Verhalten zurückgekehrt war.

6. Sind Sie ein Handlanger des Bösen? Vielleicht behandeln Sie selbst andere Leute gar nicht so übel, aber es kann sein, dass Sie, ohne es zu bemerken, Arschloch-Verhalten fördern, als Handlanger für einen oder mehrere andere Mobber. Solche Handlanger erleichtern es Fieslingen, ihre Gemeinheiten zu vollziehen und sich vor negativen Folgen ihres destruktiven Verhaltens zu verstecken. Es ist geradezu ein Markenzeichen »erfolgreicher« Arschlöcher, solche Handlanger rekrutieren, anlocken oder bestechen zu können, damit diese den Flurschaden bereinigen, den sie hinterlassen – in etwa so wie die Putzkolonne, die dem Karnevalsumzug hinterherfährt.

Peter Frost beschreibt in *Toxic Emotions at Work* diese Charaktere als Teil einer »Good Cop/Bad Cop-Konstellation«. Oft beginnt es mit der Erkenntnis des Handlangers oder »Wegbereiters«, dass der Schaden, den ein bösartiger Chef anrichtet, irgendwie unter Kontrolle gebracht werden muss. Der Boss seinerseits erkennt, dass »die Dinge glatter laufen«, wenn der Handlanger die Drecksarbeit übernimmt und dafür sorgt, dass die Schläge abgefedert werden, und er nach seinen emotionalen Ausbrüchen die Scherben zusammenkehrt.[21] Frost beschreibt einen Firmenvorstand, der ein und denselben »Oberleutnant« als Helfer über einen Zeitraum von fünfzehn Jahren in verschiedenen Rollen in seinem Gefolge hatte. Nach Meetings, in denen der Boss Leute wütend zusammengestaucht hatte, ging der Handlanger »von Büro zu Büro und erklärte den Leuten, was der Chef ›eigentlich‹ gemeint hatte, und er versicherte ihnen, dass der Chef längst nicht so wütend war, wie es den Anschein gehabt hatte«. Die destruktivsten Handlanger sorgen auch dafür, dass die Peiniger niemals mit ihrem eigenen finsteren Wesen konfrontiert werden. Sie achten darauf, dass deren Verhalten verständlich oder akzeptabel wird, bestätigen, dass es die Opfer nicht besser verdient hätten, oder vielleicht versichern sie dem Fiesling auch, dass er diesmal vielleicht zu weit gegangen, aber das ja eigentlich gar nicht seine »wahre« Natur sei (auch wenn er sich die ganze Zeit wie ein Arschloch aufgeführt hat).

Wer eine solche Rolle übernimmt, ist, wie Frost feststellt, Teil des Problems und nicht der Lösung. Gewiefte Handlanger mögen in der Lage sein, temporäre Erleichterung für Opfer wie für Täter zu bieten, aber sie können in jedem Fall »Menschen und Unternehmen dazu verhelfen, Schaden anzurichten, Jahr um Jahr, ohne korrektive Folgen, und in Wirklichkeit ›verschleiern‹ sie die Ursache des Schadens – zum Nachteil aller«. Ich sprach mit dem ehemaligen Vizechef einer großen Firma im Silicon Valley, und er gab zu, fast ein Jahrzehnt damit zugebracht zu haben, die zahllosen Leute wieder zu beruhigen, die sein Chef mit seiner bekannt aufbrausenden, rachsüchtigen und ungeduldigen Art verletzt hatte. Er brauchte Jahre, um zu erkennen, dass er, anstatt als eine Art Gegenmittel zu dem vom CEO verspritzten Gift zu wirken, alles nur noch schlimmer machte.

Wenn Sie selbst Chef sind, sind auch Sie ein solcher »toxischer« Handlanger, falls Sie Entschuldigungen für destruktive Untergebene konstruieren und ihren geschädigten Kollegen sagen, sie sollten sich nicht so anstellen – anstatt Ihren

Job zu machen und gegen das schlechte Benehmen der eigentlichen Schuldigen vorzugehen. Ich habe von einem Leser gehört, der in die Nähe einer »vulgären, lauten, neugieren, eigensinnigen, ungebildeten, vorurteilsbehafteten, arroganten und schlicht unerträglichen« Teamkollegin versetzt wurde. Er schrieb: »Nach dreißig Tagen dieser Art von Nachbarschaft landete ich im Krankenhaus, Diagnose: Geschwür am Zwölffingerdarm.« Als Beweis für die Lautstärke der Peinigerin nahm der Leser ein Schallmessgerät mit an den Arbeitsplatz. Seiner E-Mail waren mehrere Fotos beigefügt. Er schreibt dazu: »Ein Foto zeigt das Messgerät mit einem Wert von 44,1 Dezibel, als die Kollegin NICHT im Büro war«, »Ein Foto stammt aus der Maschinenhalle, wo gerade eine Aussparung in ein Stahlgehäuse gefräst wird, der Lärmpegel liegt bei 72,3 Dezibel«, und ein Foto zeigt das Messgerät, während die Kollegin »gerade jemanden am Telefon zusammenstaucht – mit 85,8 Dezibel«.

Der geplagte Leser ging zum Chef, beschwerte sich und drohte mit Kündigung, aber ihm wurde bloß gesagt, er solle »das Gequassel einfach ignorieren, frei nach dem Motto: ins eine Ohr rein und durchs andere wieder raus«. Der Leser war bereits der vierte Kollege im Team, dem der Chef diesen Ratschlag erteilt hatte – alle kamen zu dem Schluss, dass weder der Chef noch sonst irgendjemand in der Firma offenbar den Mumm hatte, die Schreckenskollegin zu disziplinieren, zu versetzen oder zu feuern. Dieser rückgratlose Chef war der klassische »toxische Handlanger«. Wenn Sie im Management tätig sind und auf nachweislich begründete Beschwerden über rücksichtslose Mitarbeiter den Opfern nahelegen, den Ball flach zu halten, selbst aber weiter nichts unternehmen, um den Missetäter zu bessern oder aus dem Verkehr zu ziehen, sind Sie tatsächlich ein Teil des Problems und nicht der Lösung.

7. Unternehmen Sie eine kleine Zeitreise. In Kapitel 5 habe ich beschrieben, wie die Fähigkeit des Menschen zur »geistigen Zeitreise« die Pein lindern kann, die ein Arschloch in der Gegenwart verursacht – wie es helfen kann, sich selbst einzureden, was sich heute so elend anfühlt, werde im Rückblick an Bedeutung verlieren.[22] Genau diese Superkraft lässt sich auch einsetzen, um die Anti-Arschloch-Regel mit Leben zu erfüllen. Wie der zu Beginn dieses Kapitels zitierte Leser sagte: »Niemand, der auf dem Totenbett liegt, würde jemals sagen: ›Ich wünschte, ich wäre gemeiner gewesen.‹« Das erinnert mich an einen ehemaligen FBI-Agenten, der mir schrieb, er sei »ein Arschloch auf dem Weg der Besserung« und wie diese Eigenschaft, genau wie Alkoholismus, etwas sei, gegen das man »Tag für Tag ankämpfen« müsse. Dem guten Mann war sein früheres schlechtes Verhalten peinlich. Wenn er auf sein Leben zurückblickt, möchte er stolz sein, wie er mit anderen umgegangen ist, nachdem er den Weg der Besserung eingeschlagen hat – und dieser neue Lebensentwurf hilft ihm, die Menschen in seinem Umfeld Tag für Tag mit mehr Anstand zu behandeln.

Diese Art imaginärer Zeitreise gehört zu meinen Favoriten unter den wissenschaftlich fundierten Mitteln, die die guten Seiten der Menschen zum Vorschein bringen und die schlechten Seiten unterdrücken. Es geht dabei darum, zu entscheiden, was man *heute* tun kann, um sich später, aus der *Zukunft* zurückblickend, besser zu fühlen.[23] Wenn es darum geht, die Anti-Arschloch-Regel mit Leben zu erfüllen, heißt es, man sollte sich (ganz wie besagter Ex-FBI-Agent) Tag für Tag sagen, es sei bereits einen Tag, eine Woche, einen Monat, ein Jahr später – und man sei stolz darauf, wie man auf andere eingegangen ist. Denken Sie über die Nuancen dessen nach, was Sie getan haben müssten. Was haben Sie getan, um sich vor den Unsympathen zu schützen, mit denen Sie zu tun hatten? Wie haben Sie deren

Feindseligkeit abgewehrt und Kontra gegeben? Was haben Sie unternommen, um andere mit Würde und Respekt zu behandeln?

Werfen Sie also einen Blick zurück aus Ihrer imaginären Zukunft. Das kann hilfreich sein, um hier und jetzt das Richtige zu tun.

Von Strategien und Stachelschweinen

Ein Gedanke, bevor wir uns voneinander verabschieden: *Es liegt an Ihnen – und Sie sind nicht allein.*

Diese zwei ineinandergreifenden Gedanken liefern uns eine hübsche, kompakte Zusammenfassung für den Umgang mit jedem bestehenden Arschloch-Problem. Sie verraten auch viel darüber, warum derlei Probleme ein unvermeidlicher Teil des menschlichen Lebens sind – und wie wir vermeiden können, uns gegenseitig verrückt zu machen, trotz all des Drucks und der Verlockungen, genau das zu tun.

Überleben unter Arschlöchern betont: Wenn Sie sich durch andere bedrängt, missachtet, erniedrigt oder ausgelaugt fühlen, ist es an Ihnen, eine Strategie zu entwickeln, sie umzusetzen und beständig zu verfeinern. Die hier besprochenen Studien, Geschichten und Techniken bieten einen Rahmen zum Entwerfen Ihrer ganz individuellen Überlebensstrategie (es gibt nun einmal keine narrensicheren und universell gültigen Lösungen). Die Erkenntnis, dass Sie nicht allein sind, die Hinwendung zu anderen Menschen, von Leidensgenossen bis hin zu Freunden und Familie, um Unterstützung und Lebensweisheiten zu bekommen, stärken Ihre Chancen, bessere Pläne zu entwickeln, in Würde durch schwere Zeiten zu navigieren und aus all dem Chaos als stärkerer Mensch hervorzugehen.

»Es liegt an mir« und »Ich bin nicht allein« – diese Aussagen stehen auch für die widerstreitenden Kräfte, die Arschloch-Probleme überhaupt erst entstehen lassen. Jeder Einzelne von uns ist für sich selbst verantwortlich. Zugleich brauchen wir aber auch andere Menschen als emotionalen und physischen Beistand, und die anderen brauchen unseren Beistand. Im Lauf der Zeit verlangen wir zu viel von ihnen und sie zu viel von uns, und so fügen wir uns gegenseitig seelische Narben zu. Unsere gemeinsame Herausforderung besteht darin, das wechselseitige Geben und Nehmen so zu organisieren, dass es ohne gegenseitige Verletzungen gelingt.

Der Biologe Edward O. Wilson von der Harvard University erzählt eine charmante deutsche Fabel, die er von seinem Kollegen Paul Leyhausen gelernt hat. Sie erfasst das Wesen dieses Spannungsfelds und wie die Menschen sich zusammentun können, um damit umzugehen. Es geht um eine Gruppe von Stachelschweinen, die sich in einer kalten Nacht eng aneinanderdrängen, um sich gegenseitig zu wärmen. Natürlich piksten sie sich dabei gegenseitig mit ihren Stacheln. Also rückten sie weiter voneinander ab – und begannen zu frieren.

Leyhausen folgert: »Nach einigem Hin und Her, mal enger zusammen, mal weiter auseinander, fanden sie irgendwann einen Abstand, der sie alle ausreichend wärmte, ohne dass sie dabei einander ständig piksten. Diesen Abstand nannten sie von Stund an Anstand und Benehmen.«[24]

Diese Stachelschweine haben viel mit Menschen gemein. Würde es jeder Einzelne von uns auf sich nehmen, anderen möglichst viel Wärme zu spenden, ohne diese oder uns selbst zu beleidigen und zu verletzen, gäbe es viel mehr Orte, geprägt von Anstand und guten Manieren, und dazu noch weitaus weniger Arschlöcher auf diesem Planeten.

Ihre Geschichten und Gedanken

Verehrte Leserinnen und Leser,

wie Sie bisher schon in *Überleben unter Arschlöchern* feststellen konnten, habe ich viel von Leuten gelernt, die mir ihre Geschichten und Ratschläge zuteilwerden ließen. So möge es weitergehen. Wenn Sie möchten, schicken Sie mir eine E-Mail über Ihre Erfahrungen und Erlebnisse mit Arschlöchern, was Sie über das Meiden, Ertragen oder Besiegen derselben gelernt haben oder was auch immer mit dem Umgang mit fiesen und respektlosen Leuten zu tun hat: Bitte schreiben Sie an nomorejerks@gmail.com. Ich lese jede Mail und tue mein Möglichstes, um auch jede zu beantworten. Beachten Sie bitte Folgendes: Mit der Zusendung Ihrer Geschichte geben Sie mir die Berechtigung, sie auch in meinen Veröffentlichungen und Vorträgen zu verwenden. ABER ich verspreche, Ihren Namen dabei nicht zu erwähnen, es sei denn, Sie erteilen mir dafür die ausdrückliche Erlaubnis.

Sie können mir auch gerne auf Twitter folgen und mir Tweets und Nachrichten schicken unter: @work_matters.

Vielen Dank, ich würde mich freuen, von Ihnen zu hören.

Robert Sutton
Stanford University

Dank

Wenn mich während des Zeitraums von etwa einem Jahr, das ich mit dem Schreiben dieses Buchs zubrachte, Leute fragten, was ich machte, witzelte ich manchmal: »Ich versuche, mich aus der Einzelhaft in meiner Garage herauszuschreiben.« Das stimmte und stimmte auch wieder nicht. Es stimmte, weil ich *Überleben unter Arschlöchern* tatsächlich in dem kleinen Büro in meiner Garage schrieb, und der einzige Weg, da rauszukommen, bestand darin, das Buch zu Ende zu bringen. Jeder Autor wird Ihnen bestätigen, dass es lange Phasen einsamer Konzentration braucht, um ein Buch zum Abschluss zu bringen. Aber der Witz führt auch in die Irre, weil er den Eindruck erweckt, mein Buch sei das Werk eines Solisten gewesen. Ohne die vielfältige Hilfe (und Toleranz gegenüber meinen zahlreichen Macken) durch so viele talentierte, geduldige und selbstlose Kollegen, Freunde und Verwandte hätte ich das Buch niemals schreiben können.

Zwei Menschen waren dabei besonders wichtig. Professorin Katy DeCelles von der University of Toronto besuchte Stanford im Studienjahr 2015/16. Katy half mir nicht nur mit vielen Ideen für das Buch aus ihrer eigenen Forschung und aus Studien anderer Wissenschaftler, auch ihre Kreativität und ihr gesunder Menschenverstand haben mir sehr geholfen. So bestärkte sie mich, überhaupt mit dem Buch anzufangen, und später, in Situationen, in denen meine Motivation schwächelte, am Ball zu bleiben.

Die zweite entscheidende Person ist Michael Dearing, ein Risikoanleger und ehemaliger Firmenvorstand, mit dem gemeinsam ich viele Jahre Kurse zum Thema Innovation in Stanford gegeben habe. Fast ein Jahrzehnt lang hat mich Michael gedrängt (manchmal geradezu gehetzt), dieses Buch zu verfassen. Er meinte, ich schuldete meinen Lesern noch viel weitgehendere Beratung, was den Umgang mit Arschlöchern angeht.

Als erfolgreicher Geschäftsmann und Marketingexperte meinte Michael, ich müsste dieses Buch schon deshalb schreiben, um meine Ansprüche auf das Copyright für ein »Arschloch-Franchise« zu stärken.

Ich danke den Stanford-Kollegen Steve Barley, Tom Byers, Peter Glynn, Chip Heath, Pam Hinds, David Kelley, Perry Klebahn, Huggy Rao, Bernie Roth, Tina Seelig, Kathryn Segovia, Jeremy Utley und Melissa Valentine für ihre vielfältigen und herausfordernden Denkanstöße und Einsichten.

Und wie immer danke ich Jeff Pfeffer. Wie üblich ist er mit meinen Schlussfolgerungen und Ratschlägen nicht immer einverstanden und hat mich deshalb gezwungen, intensiver über meine Ideen nachzudenken. Ich schätze sehr wohl auch die Ideen und die Ermutigung von Wissenschaftlern und Autoren außerhalb von Stanford und nenne hierbei Michel Anteby, Eric Barker, Laszlo Bock, Adam Grant, Julia Kirby, Dan Pink, Christine Porath und Bennett Tepper. Eine kleine Armee fähiger und geduldiger Mitarbeiter in Stanford rettete mich in den letzten ca. zwei Jahren mehrmals vor mir selbst; hier seien Lori Cottle, Tim Keely, Paul Marca, Marilynn Rose, Ronie Shilo, Danielle Steussy und vor allem Matt Harvey erwähnt. Die Stanford-Absolventen Deanna Badizadegan, Rebecca Hinds und Joachim Bendix

Lyon waren mir bei der Recherche für dieses Buch eine große Hilfe.

Ich bin dankbar für die vielen Tausend Menschen, die mir E-Mails mit ihren »Arschloch-Geschichten« schickten und mir diese z. T. auch im persönlichen Gespräch, am Telefon oder über soziale Medien, zur Kenntnis brachten. Die meisten von Ihnen kann ich nicht namentlich erwähnen, aber Ihre Fragen, Vorschläge, Ihr Leiden, Ihre Freude und Ihr Humor waren mir Inspiration, und Sie haben diesem Buch auf Hunderte Arten seine Form gegeben. Ich danke auch denjenigen, die ich namentlich nennen kann, für ihre Berichte und Anregungen: Tim Brown (IDEO), Ed Catmull (Pixar), Chris Fry (ehemaliger Vorstand von Salesforce und Twitter), Twitter-Vorstand Steve Green, Philz Coffee CEO Jacob Jaber, Becky Margiotta vom Billions Institute (für ihre Geschichten aus der Zeit als Kadettin in West Point), Patty McCord (ehemals Netflix-Vorstand, die in jeder Hinsicht kein Blatt vor den Mund nimmt), Paul Purcell (Baird), Bonny Simi (Jet-Blue) und Jason Zweig vom *Wall Street Journal*.

Christy Fletcher ist meine dauerhafte, kluge und stets hilfreiche Literaturagentin. Christy sorgte nicht nur für Ermutigung, Rat und eine kompetente Bearbeitung des Entwurfs, sie verkaufte das Buch auch an den richtigen Herausgeber und Verlag – sie versteht es, mir stets offenes Feedback zu geben, wenn ich einem Herausgeber und Verlag wegen irgendeiner Kleinigkeit zu sehr auf die Füße trete (und ermutigt mich in anderen Fällen, noch ein wenig fester aufzutreten). Ich bin dankbar für das kompetente Team von Fletcher & Company, mit Hillary Black, Melissa Chinchillo, Gráinne Fox, Sarah Fuentes, Veronica Goldstein, Sylvie Greenberg und Erin McFadden. Sie navigierten dieses und meine anderen Buchprojekte stets kundig durch die verrückten Regeln, Traditionen und Charaktere im Verlagsgeschäft.

Das Beste während des Verfassens dieses Buchs überhaupt war die Zusammenarbeit mit Rick Wolff; er redigierte auch *Der Arschloch-Faktor* und *Der Chef-Faktor,* daher kennen wir uns bestens. Es ist einfach ein Vergnügen, mit Rick zu arbeiten. Er ist geradezu unerbittlich hilfreich und ermutigend, kennt meine Schwächen und weiß sie auszugleichen. Besonders gut ist er darin, meine verworrenen und verschwurbelten Texte zu reparieren, ohne ihnen ihren Geist zu nehmen oder die Argumente und Beweise zu verzerren. Ich freue mich riesig, dass Rick sich Bruce Nichols bei Houghton Mifflin Harcourt angeschlossen hat. Bruce hat mich bei *Überleben unter Arschlöchern* in gleicher Weise unterstützt. Und es reizt mich, ebenfalls wieder mit Bruce zu arbeiten, da er als Lektor von *Der Querdenker-Faktor* damals, anno 2001, so großartige Arbeit geleistet hat. Das war mein erstes Buch als Solo-Autor überhaupt. Ich danke Rosemary McGuinness, die mein Buch durch das bisweilen mysteriöse System von HMH zu steuern wusste. Ich danke dem charmanten Daniel Crewe von Penguin Random House (Verleger des Buchs in Großbritannien) für seine kenntnisreichen Kommentare und Anregungen. Und ich danke Justin Gammon, Brian Moore, Becky Saikia-Wilson, Chris Sergio und Michaela Sullivan für ihre Geduld und Hartnäckigkeit bei der Entwicklung von ca. 65 Prototypen für die Umschlaggestaltung, darunter etwa dreißig Variationen des »Alka-Seltzer«-Konzepts, für das wir uns letztendlich entschieden.

Ich hätte nie gedacht, dass ich die Worte »Vergnügen« und »redaktionelle Bearbeitung« jemals in ein und demselben Satz unterbringen würde. Aber bitte sehr, gleich ist es so weit. Ich bin Redakteurin Kristin Vorce Duran dankbar, dass sie sich die Zeit nahm, meinen Schreibstil und meine Ziele zu durchdringen, bevor ihre Arbeit überhaupt begann, und für ihre Kommunikation mit mir, die von Anfang an und die ganze Zeit über hervorragend war. Kristin war sorgfältig und kompetent, und sie verbesserte das Buch auf vielhundertfache Weise, ohne jemals auf meiner Stimme als Autor herumzutrampeln. Ich bin mithin ebenso überrascht wie begeistert, sagen zu können, dass erstmals in meinem Leben die redaktionelle Bearbeitung das reine Vergnügen war.

Und schließlich ist dieses Buch meinen drei Kindern gewidmet, Eve, Claire und Tyler. Heute, als junge Erwachsene, erzählen sie mir allerlei inspirierende, witzige und haarsträubende Dinge, wie sie bisweilen schwierigen und herrischen Menschen aus dem Weg gehen oder sich mit ihnen herumschlagen müssen. Ich liebe und schätze euch alle drei mehr, als ich sagen kann. Und alles verdanke ich meiner Frau Marina. Ihre Geduld, Weisheit, Offenheit und fortdauernde Liebe machen das Leben Tag für Tag schöner, für Eve, Claire, Tyler und für mich.

Marinas Mitgefühl für jeden Menschen, dem sie begegnet, verblüfft mich auch nach all den gemeinsamen Jahren immer wieder.

Anmerkungen

1 8000 E-Mails

1 Robert I. Sutton, *Der Arschloch-Faktor: Vom geschickten Umgang mit Aufschneidern, Intriganten und Despoten in Unternehmen* (München: Hanser, 2007).

2 Ich verbürge mich für die Korrektheit der von mir gesammelten und in diesem Buch wiedergegebenen E-Mails, Medienberichte, persönlichen Erfahrungen und Gespräche. Allerdings habe ich bei den meisten E-Mails sowie einigen Beobachtungen, Gesprächen und Erfahrungen die Namen der Beteiligten weggelassen, um wie versprochen die Persönlichkeitsrechte derjenigen zu schützen, die mir ihre Geschichten anvertraut haben. Und in einer knappen Handvoll Fälle habe ich Informationen bezüglich Geschlecht, Ort und Arbeitsplatz verändert, um die Identität von Personen zu schützen, die besonders großen Wert darauf legen, dass ihre Namen oder die ihrer Peiniger nicht bekannt werden.

3 Tucker Max, *Arschlöcher kommen immer zuerst* (München: riva, 2011).

4 Arieh Riskin, Amir Erez, Trevor A. Foulk, Amir Kugelman, Ayala Gover, Irit Shoris, Kinneret S. Riskin und Peter A. Bamberger, »The Impact of Rudeness on Medical Team Performance: A Randomized Trial«, in: *Pediatrics* 136, Nr. 3 (2015), S. 487–495.

5 H. G. Schmidt, Tamara van Gog, Stephanie C. E. Schuit, Kees Van den Berge, Paul L. A. Van Daele, Herman Bueving, Tim Van der Zee, Walter W. Van den Broek, Jan L. C. M. Van Saase und Sílvia Mamede, »Do Patients' Disruptive Behaviours Influence the Accuracy of a Doctor's Diagnosis? A Randomised Experiment«, in: *BMJ Quality & Safety* 26, Nr. 1 (2017), S. 19–23.

6 Shelley Hymel und Susan M. Swearer, »Four Decades of Research

on School Bullying: An Introduction«, in: *American Psychologist* 70, Nr. 4 (2015), S. 293.

7 Basierend auf Übersichtsstudien, darunter Birgit Schyns und Jan Schilling, »How Bad Are the Effects of Bad Leaders? A Meta-Analysis of Destructive Leadership and Its Outcomes«, in: *Leadership Quarterly* 24, Nr. 1 (2013), S. 138–158; Al-Karim Samnani und Parbudyal Singh, »20 Years of Workplace Bullying Research: A Review of the Antecedents and Consequences of Bullying in the Workplace«, in: *Aggression and Violent Behavior* 17, Nr. 6 (2012), S. 581–589.

8 Peggy A. Berry, Gordon L. Gillespie, Donna Gates und John Schafer, »Novice Nurse Productivity Following Workplace Bullying«, in: *Journal of Nursing Scholarship* 44, Nr. 1 (2012), S. 80–87.

9 Mo Wang, Songqi Liu, Hui Liao, Yaping Gong, John Kammeyer-Mueller und Junqi Shi, »Can't Get It Out of My Mind: Employee Rumination After Customer Mistreatment and Negative Mood in the Next Morning«, in: *Journal of Applied Psychology* 98, Nr. 6 (2013), S. 989.

10 Kathryne E. Dupré, Kimberly-Anne Dawe und Julian Barling, »Harm to Those Who Serve: Effects of Direct and Vicarious Customer-Initiated Workplace Aggression«, in: *Journal of Interpersonal Violence* 29, Nr. 13 (2014), S. 2355–2377.

11 Dong Liu, Hui Liao und Raymond Loi, »The Dark Side of Leadership: A Three Level Investigation of the Cascading Effect of Abusive Supervision on Employee Creativity«, in: *Academy of Management Journal* 55, Nr. 5 (2012), S. 1187–1212.

12 Bennett J. Tepper, Michelle K. Duffy, Christine A. Henle und Lisa Schurer Lambert, »Procedural Injustice, Victim Precipitation, and Abusive Supervision«, in: *Personnel Psychology* 59, Nr. 1 (2006), S. 101–123.

13 Mika Kivimäki, Jane E. Ferrie, Eric Brunner, Jenny Head, Martin J. Shipley, Jussi Vahtera und Michael G. Marmot, »Justice at Work and Reduced Risk of Coronary Heart Disease Among Employees: The Whitehall II Study«, in: *Archives of Internal Medicine* 165, Nr. 19 (2005), S. 2245–2251.

14 Robert I. Sutton, *Der Arschloch-Faktor*, S. 197.

15 WBI U.S. Workplace Bullying Survey, Zugriff am 26. Oktober 2016, http://www.workplacebullying.org/wbiresearch/wbi-2014-us-survey/; 2007 WBI U.S. Workplace Bullying Survey, Zugriff

am 26. Oktober 2016, http://www.workplacebullying.org/multi/pdf/WBIsurvey2007.pdf.

2 Arschloch-Assessment: Wie schlimm ist das Problem?

1 Kathryne E. Dupré, Kimberly-Anne Dawe und Julian Barling, »Harm to Those Who Serve: Effects of Direct and Vicarious Customer-Initiated Workplace Aggression«, in: *Journal of Interpersonal Violence* 29, Nr. 13 (2014), S. 2355 – 2377, insbesondere S. 2364.

2 Bennett J. Tepper, »Consequences of Abusive Supervision«, in: *Academy of Management Journal* 43, Nr. 2 (2000), S. 178 – 190.

3 Philip R. Smith, Timothy L. Phillips und Ryan D. King, *Incivility: The Rude Stranger in Everyday Life* (Cambridge, MA: Cambridge University Press, 2010), S. 25, S. 27.

4 Daniel Kahneman, *Schnelles Denken, langsames Denken* (München: Siedler, 2012), S. 514.

5 Jerome E. Groopman, *How Doctors Think* (Boston: Houghton Mifflin, 2007), S. 169.

6 Smith, Phillips und King, *Incivility*, S. 119.

7 Jeremy D. Mackey, Rachel E. Frieder, Jeremy R. Brees und Mark J. Martinko, »Abusive Supervision: A Meta-Analysis and Empirical Review«, in: *Journal of Management* (2015), DOI: 10.1177/0149206315573997.

8 Siehe zum Beispiel Amy L. Gower und Iris W. Borowsky, »Associations Between Frequency of Bullying Involvement and Adjustment in Adolescence«, in: *Academic Pediatrics* 13, Nr. 3 (2013), S. 214 – 221.

9 Robert I. Sutton, *Der Arschloch-Faktor*, S. 5.

10 Yoram Bauman und Elaina Rose, »Selection or Indoctrination: Why Do Economics Students Donate Less Than the Rest?«, in: *Journal of Economic Behavior & Organization* 79, Nr. 3 (2011), S. 318 – 327.

11 Barry M. Staw, Katherine A. DeCelles und Peter Degoey, »Leadership in the Locker Room: The Effect of Coaches' Unpleasant Emotion at Halftime on Subsequent Team Performance« (unveröffentlichtes Manuskript, University of California at Berkeley, 2015).

12 Robert Cialdini, *Die Psychologie des Überzeugens: Wie Sie sich selbst und Ihren Mitmenschen auf die Schliche kommen* (Bern: Huber, 1997).

13 Emily M. Hunter und Lisa M. Penney, »The Waiter Spit in My Soup! Antecedents of Customer-Directed Counterproductive Work Behavior«, in: *Human Performance* 27, Nr. 3 (2014), S. 262–281.

14 Barry M. Staw, »Dressing Up Like an Organization: When Psychological Theories Can Explain Organizational Action«, in: *Journal of Management* 17, Nr. 4 (1991), S. 805–819.

15 Carlos Castaneda, *Das Feuer von innen* (Frankfurt am Main: Fischer, 1988), S. 43.

16 Nathanael J. Fast, Nir Halevy und Adam D. Galinsky, »The Destructive Nature of Power Without Status«, in: *Journal of Experimental Social Psychology* 48, Nr. 1 (2012), S. 391–394.

17 Adam Grant, *Geben und Nehmen: Warum Egoisten nicht immer gewinnen und hilfsbereite Menschen weiterkommen* (München: Droemer Taschenbuch, 2016).

3 Einen klaren Schnitt machen

1 Philip R. Smith, Timothy L. Phillips und Ryan D. King, *Incivility: The Rude Stranger in Everyday Life* (Cambridge, MA: Cambridge University Press, 2010), S. 25.

2 Dana Yagil, »When the Customer Is Wrong: A Review of Research on Aggression and Sexual Harassment in Service Encounters«, in: *Aggression and Violent Behavior* 13, Nr. 2 (2008), S. 141–152.

3 Bennett J. Tepper, »Consequences of Abusive Supervision«, in: *Academy of Management Journal* 43, Nr. 2 (2000), S. 178–190.

4 Christine Porath, Debbie MacInnis und Valerie Folkes, »Witnessing Incivility Among Employees: Effects on Consumer Anger and Negative Inferences About Companies«, in: *Journal of Consumer Research* 37, Nr. 2 (2010), S. 292–303.

5 Robert I. Sutton, *Der Arschloch-Faktor*, S. 95.

6 Anthony C. Klotz und Mark C. Bolino, »Saying Goodbye: The Nature, Causes, and Consequences of Employee Resignation Styles«, in: *Journal of Applied Psychology* 101, Nr. 10 (2016), S. 1386.

7 Robert I. Sutton, *Der Chef-Faktor* (München: Hanser, 2010), S. 15.

8 Nathalie Louit-Martinod, Cécile Chanut-Guieu, Cathel Kornig und Philippe Méhaut, »›A plus Dans le Bus‹: Work-Related Stress Among French Bus Drivers«, in: *SAGE Open* 6, Nr. 1 (2016), DOI: 10.1177/2158244016629393.

9 Noam Lapidot-Lefler und Azy Barak, »Effects of Anonymity, Invisibility, and Lack of Eye-Contact on Toxic Online Disinhibition«, in: *Computers in Human Behavior* 28, Nr. 2 (2012), S. 434–443.
10 Robert I. Sutton, *Der Chef-Faktor*, S. 167.

4 Arschloch-Vermeidungsstrategien: Den Kontakt einschränken

1 M. Sandy Hershcovis und Tara C. Reich, »Integrating Workplace Aggression Research: Relational, Contextual, and Method Considerations«, in: *Journal of Organizational Behavior* 34, Nr. S1 (2013), S. 26–S. 42.
2 Eva Oberle und Kimberly A. Schonert-Reichl, »Stress Contagion in the Classroom? The Link Between Classroom Teacher Burnout and Morning Cortisol in Elementary School Students«, in: *Social Science & Medicine* 159 (2016), S. 30–37.
3 Trevor Foulk, Andrew Woolum und Amir Erez, »Catching Rudeness Is Like Catching a Cold: The Contagion Effects of Low-Intensity Negative Behaviors«, in: *Journal of Applied Psychology* 101, Nr. 1 (2016), S. 50.
4 Thomas J. Allen, *Managing the Flow of Technology: Technology Transfer and the Dissemination of Technological Information Within the R&D Organization*, Cambridge, MA, 1984.
5 David Krackhardt, »Constraints on the Interactive Organization as an Ideal Type«, in: *Networks in the Knowledge Economy*, hg. von Robert L. Cross, Oxford 2003, S. 324–335; Ben Waber, Jennifer Magnolfi und Greg Lindsay, »Workspaces That Move People«, in: *Harvard Business Review* 92, Nr. 10 (2014), S. 68–77.
6 Pamela Lutgen-Sandvik, »Take This Job and …: Quitting and Other Forms of Resistance to Workplace Bullying«, in: *Communication Monographs* 73, Nr. 4 (2006), S. 406–433.
7 Ebenda, S. 419.
8 Jean Decety, Kalina J. Michalska, Yuko Akitsuki und Benjamin B. Lahey, »Atypical Empathic Responses in Adolescents with Aggressive Conduct Disorder: A Functional MRI Investigation«, in: *Biological Psychology* 80, Nr. 2 (2009), S. 203–211.
9 Robert I. Sutton, »Maintaining Norms About Expressed Emotions: The Case of Bill Collectors«, in: *Administrative Science Quarterly* 36, Nr. 2 (1991). S. 245–268.

[10] Ebenda, S. 262.

[11] Curtis K. Chan und Michel Anteby, »Task Segregation as a Mechanism for Within-Job Inequality: Women and Men of the Transportation Security Administration«, in: *Administrative Science Quarterly* 61, Nr. 2 (2016), S. 184–216; Michel Anteby und Curtis K. Chan, »Being Seen *and* Going Unnoticed« (unveröffentlichtes Manuskript, Harvard Business School, 2012).

[12] Anteby und Chan, »Being Seen«, S. 29.

[13] Chan und Anteby, »Task Segregation«, S. 198.

[14] Robert I. Sutton, *Der Chef-Faktor*, S. 141.

[15] Paul G. Friedman, »Hassle Handling: Front-Line Diplomacy in the Work-Place«, in: *Business Communication Quarterly* 47, Nr. 1 (1984), S. 30–33.

[16] Ebenda, S. 30.

[17] Alma M. Rodríguez Sánchez, Jari J. Hakanen, Riku Perhoniemi und Marisa Salanova, »With a Little Help from My Assistant: Buffering the Negative Effects of Emotional Dissonance on Dentist Performance«, in: *Community Dentistry and Oral Epidemiology* 41, Nr. 5 (2013), S. 415–423.

[18] Erving Goffman, *Wir alle spielen Theater: die Selbstdarstellung im Alltag*, München 2003.

[19] Robert I. Sutton, *Der Arschloch-Faktor*, S. 15.

[20] Spencer E. Cahill, William Distler, Cynthia Lachowetz, Andrea Meaney, Robyn Tarallo und Teena Willard, »Meanwhile Backstage: Public Bathrooms and the Interaction Order«, in: *Journal of Contemporary Ethnography* 14, Nr. 1 (1985), S. 33–58.

[21] Ebenda, S. 37.

[22] Ebenda, S. 50.

5 Kognitive Tricks zum Schutz Ihrer Seele

[1] Judith S. Beck, *Cognitive Behavior Therapy: Basics and Beyond* (New York: Guilford Press, 2011).

[2] Adam L. Alter, Joshua Aronson, John M. Darley, Cordaro Rodriguez und Diane N. Ruble, »Rising to the Threat: Reducing Stereotype Threat by Reframing the Threat as a Challenge«, in: *Journal of Experimental Social Psychology* 46, Nr. 1 (2010), S. 166–171.

[3] Dana Yagil, Hasida Ben-Zur und Inbal Tamir, »Do Employees Cope Effectively with Abusive Supervision at Work? An Explora-

tory Study«, in: *International Journal of Stress Management* 18, Nr. 1 (2011), S. 5.

4 Bernardo Moreno-Jimenez, Alfredo Rodriguez-Munoz, Juan Carlos Pastor, Ana Isabel Sanz-Vergel und Eva Garrosa, »The Moderating Effects of Psychological Detachment and Thoughts of Revenge in Workplace Bullying«, in: *Personality and Individual Differences* 46, Nr. 3 (2009), S. 359–364.

5 Beck, *Cognitive Behavior Therapy*, S. 182.

6 Jens Blechert, Gal Sheppes, Carolina Di Tella, Hants Williams und James J. Gross, »See What You Think: Reappraisal Modulates Behavioral and Neural Responses to Social Stimuli«, in: *Psychological Science* 23, Nr. 4 (2012), S. 346–353.

7 Katherine DeCelles und Michel Anteby, »Caring in the Clink: How Agents of Total Institutions Show Empathy for Captives« (unveröffentlichtes Manuskript, University of Toronto, 2016).

8 Ebenda, S. 32–34.

9 Beck, *Cognitive Behavior Therapy*, S. 181.

10 Luke A. Egan und Natasha Todorov, »Forgiveness as a Coping Strategy to Allow School Students to Deal with the Effects of Being Bullied: Theoretical and Empirical Discussion«, in: *Journal of Social and Clinical Psychology* 28, Nr. 2 (2009), S. 198.

11 Rod A. Martin, *The Psychology of Humor: An Integrative Approach*, Amsterdam 2007.

12 Rod A. Martin und Herbert M. Lefcourt, »Sense of Humor as a Moderator of the Relation Between Stressors and Moods«, in: *Journal of Personality and Social Psychology* 45, Nr. 6 (1983), S. 1313.

13 Ebenda, S. 1316.

14 Annie Hogh und Andrea Dofradottir, »Coping with Bullying in the Workplace«, in: *European Journal of Work and Organizational Psychology* 10, Nr. 4 (2001), S. 485–495.

15 Emma Bruehlman-Senecal und Ozlem Ayduk, »This Too Shall Pass: Temporal Distance and the Regulation of Emotional Distress«, in: *Journal of Personality and Social Psychology* 108, Nr. 2 (2015), S. 356.

16 Ebenda, S. 361.

17 Siehe z.B. James K. Harter, Frank L. Schmidt und Corey L. M. Keyes, »Well-Being in the Workplace and Its Relationship to Business Outcomes: A Review of the Gallup Studies«, in: *Flourishing: Positive Psychology and the Life Well-Lived* 2 (2003), S. 205–224.

18 Jeannie P. Cimiotti, Linda H. Aiken, Douglas M. Sloane und Evan

S. Wu, »Nurse Staffing, Burnout, and Health Care-Associated Infection«, in: *American Journal of Infection Control* 40, Nr. 6 (2012), S. 486–490.

19 Sutton, *Der Arschloch-Faktor*, S. 132–135.

20 Sabine Sonnentag und Charlotte Fritz, »Recovery from Job Stress: The Stressor Detachment Model as an Integrative Framework«, in: *Journal of Organizational Behavior* 36, Nr. S1 (2015): S. 72–103.

21 Katherine DeCelles und Chen-Bo Zhong, »Beyond the Bars: Impurities of Prison Work and Implications for Worker Well-Being and Work-Home Conflict« (unveröffentlichtes Manuskript, University of Toronto, 2016).

22 Ebenda, S. 21–22 f.

23 Gillian Dolan, Esben Strodl und Elisabeth Hamernik, »Why Renal Nurses Cope So Well with Their Workplace Stressors«, in: *Journal of Renal Care* 38, Nr. 4 (2012), S. 222–232.

24 Ebenda, S. 228.

25 Ashley E. Nixon, Valentina Bruk Lee und Paul E. Spector, »Grin and Bear It?: Employees' Use of Surface Acting During Coworker Conflict«, in: *Stress and Health* (2016), S. 9.

26 Robert I. Sutton, *Der Arschloch-Faktor*, S. 133.

27 Zahlreiche Studien zum Preis der Distanzierung sind aufgeführt auf www.gallup.com. Siehe z. B. Marco Nink, »The Negative Impact of Disengaged Employees on Germany«, 5. April 2016, aufgerufen am 29. Oktober 2016, http://www.gallup.com/businessjournal/190445/negative-impact-disengaged-employees-germany.aspx.

6 Zum Gegenangriff übergehen

1 Daniel Kahneman, *Schnelles Denken, langsames Denken* (München: Siedler, 2012), S. 514.

2 Vgl. »Tape-Recording Laws at a Glance«, Reporters Committee, aufgerufen am 29. Oktober 2016, http://www.rcfp.org/reporters-recording-guide/tape-recording-laws-glance.

3 MeowLan Evelyn Chan und Daniel J. McAllister, »Abusive Supervision Through the Lens of Employee State Paranoia«, in: *Academy of Management Review* 39, Nr. 1 (2014): S. 44–66.

4 Roderick M. Kramer und Dana A. Gavrieli, »Power, Uncertainty, and the Amplification of Doubt: An Archival Study of Suspicion Inside the Oval Office«, in: *Trust and Distrust in Organizations:*

Dilemmas and Approaches (New York: Russell Sage Foundation, 2004), S. 342 – 370.

5 Pamela Lutgen-Sandvik, »Take This Job and …: Quitting and Other Forms of Resistance to Workplace Bullying«, in: *Communication Monographs* 73, Nr. 4 (2006), S. 424.

6 Ebenda, S. 416.

7 Dirk Lindebaum und Deanna Geddes, »The Place and Role of (Moral) Anger in Organizational Behavior Studies«, in: *Journal of Organizational Behavior* 37 (2016), S. 738 – 757.

8 Mary Soames, *Winston and Clementine: The Personal Letters of the Churchills* (New York: Houghton Mifflin Harcourt, 2001), S. 486.

9 Arthur Paul Boers, *Never Call Them Jerks* (Rowman & Littlefield, 1999).

10 Christian Jarrett, »The Neuroscience of Being a Selfish Jerk«, *Science of Us,* aufgerufen am 29. Oktober 2016, http://nymag.com/scienceofus/2015/08/neuroscience-of-being-a-selfish-jerk.html.

11 Roderick M. Kramer, »The Great Intimidators«, in: *Harvard Business Review* 84, Nr. 2 (2006), S. 88.

12 Michael Maccoby, »Narcissistic Leaders: The Incredible Pros, the Inevitable Cons«, in: *Harvard Business Review* 78, Nr. 1 (2000), S. 68 – 78.

13 Ebenda, S. 73.

14 Eric Jaffe, »The Complicated Psychology of Revenge«, in: *Observer* 24, Nr. 8 (2011), aufgerufen am 29. Oktober 2016, http://www.psychologicalscience.org/publications/observer/2011/october-11/the-complicated-psychology-of-revenge.html.

15 Robert I. Sutton, *Der Arschloch-Faktor,* S. 146.

16 Harvey A. Hornstein, »Boss Abuse and Subordinate Payback«, in: *Journal of Applied Behavioral Science* 52, Nr. 2 (2016), S. 231 – 239.

17 Ebenda, S. 236.

18 Sutton, *Der Arschloch-Faktor,* S. 164 – 165.

19 Hornstein, »Boss Abuse«, S. 237.

20 Kevin M. Carlsmith, Timothy D. Wilson und Daniel T. Gilbert, »The Paradoxical Consequences of Revenge«, in: *Journal of Personality and Social Psychology* 95, Nr. 6 (2008), S. 1316.

21 Jaffe, »Psychology of Revenge«.

22 Carlsmith, Wilson und Gilbert, »Paradoxical Consequences of Revenge«, S. 1324.

23 Thomas M. Tripp und Robert J. Bies, *Getting Even: The Truth About*

Workplace Revenge – and How to Stop It (San Francisco: John Wiley & Sons, 2009).

24 Robert J. Bies, Thomas M. Tripp und Roderick M. Kramer, »At the Breaking Point: Cognitive and Social Dynamics of Revenge in Organizations«, in Robert A. Giacalone und Jerald Greenberg, (Hrsg.), *Antisocial Behavior in Organizations* (Thousand Oaks, CA: Sage, 1997), S. 23.

25 Robert I. Sutton und Huggy Rao, *Scaling Up Excellence: Getting to More Without Settling for Less* (New York: Crown Business, 2014), S. 144.

26 Roy F. Baumeister, Ellen Bratslavsky, Catrin Finkenauer und Kathleen D. Vohs, »Bad Is Stronger Than Good«, in: *Review of General Psychology* 5, Nr. 4 (2001), S. 323.

27 Will Felps, Terence R. Mitchell und Eliza Byington, »How, When, and Why Bad Apples Spoil the Barrel: Negative Group Members and Dysfunctional Groups«, in: *Research in Organizational Behavior* 27 (2006), S. 175 – 222.

28 Laszlo Bock, *Work Rules!: Wie Google die Art und Weise, wie wir leben und arbeiten, verändert* (Vahlen, 2016).

29 Sutton und Rao, *Scaling Up Excellence,* S. 235 – 237.

30 Robert Cialdini, *Die Psychologie des Überzeugens: wie Sie sich selbst und Ihren Mitmenschen auf die Schliche kommen* (Bern: Huber, 1997).

31 Vgl. »Policies & Laws«, Stopbullying.gov, aufgerufen am 30. Oktober 2016, https://www.stopbullying.gov/laws/.

32 Jaana Juvonen und Sandra Graham, »Bullying in Schools: The Power of Bullies and the Plight of Victims«, in: *Annual Review of Psychology* 65 (2014), S. 159 – 185.

33 Bennett J. Tepper, Marie S. Mitchell, Dana L. Haggard, Ho Kwong Kwan und Heeman Park, »On the Exchange of Hostility with Supervisors: An Examination of Self-Enhancing and Self-Defeating Perspectives«, in: *Personnel Psychology* 68, Nr. 4 (2015), S. 723 – 758.

7 Teil der Lösung sein, nicht des Problems

1 Robert I. Sutton, *Der Arschloch-Faktor,* S. 94 ff.

2 Christine Porath, *Mastering Civility: A Manifesto for the Workplace* (New York: Grand Central, 2016), S. 46.

3 David McRaney, *You Are Now Less Dumb* (New York: Penguin, 2013).

4 Ebenda, S. 59.

5 Ebenda, S. 70.

6 Justin Kruger und David Dunning, »Unskilled and Unaware of It: How Difficulties in Recognizing One's Own Incompetence Lead to Inflated Self-Assessments«, in: *Journal of Personality and Social Psychology* 77, Nr. 6 (1999), S. 1121; Oliver J. Sheldon, David Dunning und Daniel R. Ames, »Emotionally Unskilled, Unaware, and Uninterested in Learning More: Reactions to Feedback About Deficits in Emotional Intelligence«, in: *Journal of Applied Psychology* 99, Nr. 1 (2014), S. 125.

7 Heidi Grant Halvorson, *No One Understands You and What to Do About It* (Boston: Harvard Business Review Press, 2015), S. 121–125.

8 Mary Soames, *Winston and Clementine: The Personal Letters of the Churchills* (New York: Houghton Mifflin Harcourt, 2001), S. 486.

9 Melissa J. Williams, Deborah H. Gruenfeld und Lucia E. Guillory, »Sexual Aggression When Power Is New: Effects of Acute High Power on Chronically Low-Power Individuals«, in: *Journal of Personality and Social Psychology* (2016).

10 Sherry Moss, »Why Some Bosses Bully Their Best Employees«, 7. Juni 2016, *Harvard Business Review*, aufgerufen am 1. November 2016, https://hbr.org/2016/06/why-some-bosses-bully-their-best-employees.

11 Selma Carolin Rudert, Leonie Reutner, Rainer Greifeneder und Mirella Walker, »Faced with Exclusion: Perceived Facial Warmth and Competence Influence Moral Judgments of Social Exclusion«, in: *Journal of Experimental Social Psychology* 68 (2017), S. 101–112.

12 Heidi Grant Halvorson, »Signs You Might Be a Toxic Colleague«, 2. März 2016, *Harvard Business Review*, aufgerufen am 1. November 2016, https://hbr.org/2016/03/signs-you-might-be-a-toxic-colleague.

13 Ebenda.

14 Christopher J. Budnick und Larissa K. Barber, »Behind Sleepy Eyes: Implications of Sleep Loss for Organizations and Employees«, in: *Translational Issues in Psychological Science* 1, Nr. 1 (2015), S. 89.

15 Ekaterina Netchaeva, Maryam Kouchaki und Leah D. Sheppard, »A Man's (Precarious) Place: Men's Experienced Threat and Self-Assertive Reactions to Female Superiors«, in: *Personality and Social Psychology Bulletin* 41, Nr. 9 (2015), S. 1247–1259.

16 Justin Hepler und Dolores Albarracín, »Attitudes Without Objects: Evidence for a Dispositional Attitude, Its Measurement, and Its

Consequences«, in: *Journal of Personality and Social Psychology* 104, Nr. 6 (2013), S. 1060.

[17] Trevor Foulk, Andrew Woolum und Amir Erez, »Catching Rudeness Is Like Catching a Cold: The Contagion Effects of Low-Intensity Negative Behaviors«, in: *Journal of Applied Psychology* 101, Nr. 1 (2016), S. 51.

[18] Dacher Keltner, *Das Macht-Paradox: Wie wir Einfluss gewinnen – oder verlieren* (Frankfurt: Campus, 2016), S. 121–125.

[19] Allen C. Bluedorn, Daniel B. Turban und Mary Sue Love, »The Effects of Stand-up and Sit-down Meeting Formats on Meeting Outcomes«, in: *Journal of Applied Psychology* 84, Nr. 2 (1999), S. 277.

[20] Roy J. Lewicki, Beth Polin und Robert B. Lount, »An Exploration of the Structure of Effective Apologies«, in: *Negotiation and Conflict Management Research* 9, Nr. 2 (2016), S. 177–196.

[21] Peter J. Frost, *Toxic Emotions at Work* (Boston: Harvard Business School Press, 2003), S. 75–77.

[22] Emma Bruehlman-Senecal und Ozlem Ayduk, »This Too Shall Pass: Temporal Distance and the Regulation of Emotional Distress«, in: *Journal of Personality and Social Psychology* 108, Nr. 2 (2015), S. 356.

[23] Vgl. Forschung und Schriften über Pre-Mortems, darunter Gary Klein, »Performing a Project Premortem«, in: *Harvard Business Review* 85, Nr. 9 (2007), S. 18–19; Robert I. Sutton und Huggy Rao, *Scaling Up Excellence: Getting to More Without Settling for Less* (New York: Crown Business, 2014), S. 264–270.

[24] Edward O. Wilson, *Sociobiology* (Boston: Harvard University Press, 2000), S. 257.